# fy nodiadau **ad⏻lygu**

## CBAC TGAU
# FFISEG

Jeremy Pollard

HODDER
EDUCATION
AN HACHETTE UK COMPANY

*CBAC TGAU Ffiseg*

Addasiad Cymraeg o *WJEC GCSE Physics* a gyhoeddwyd yn 2017 gan Hodder Education

Ariennir yn Rhannol gan
**Lywodraeth Cymru**
Part Funded by
**Welsh Government**

**Cyhoeddwyd dan nawdd Cynllun Adnoddau Addysgu a Dysgu CBAC**

Mae cyn-gwestiynau papurau arholiad CBAC wedi'u hatgynhyrchu gyda chaniatâd CBAC.

t. 26 (brig) © Washington Imaging/Alamy Stock Photo, (gwaelod) © ACORN 1/Alamy Stock Photo; t. 34 © sciencephotos/Alamy Stock Photo; t. 35 (chwith) © Berenice Abbott/Science Photo Library; (de) © Andrew Lambert Photography/Science Photo Library; t. 46 © Morrison1977 – iStock via Thinkstock/Getty Images

Er y gwnaed pob ymdrech i sicrhau bod cyfeiriadau gwefannau yn gywir adeg mynd i'r wasg, nid yw Hodder Education yn gyfrifol am gynnwys unrhyw wefan y cyfeirir ati yn y llyfr hwn. Weithiau mae'n bosibl dod o hyd i dudalen we a adleolwyd trwy deipio cyfeiriad tudalen gartref gwefan yn ffenestr LlAU (*URL*) eich porwr.

Polisi Hachette UK yw defnyddio papurau sy'n gynhyrchion naturiol, adnewyddadwy ac ailgylchadwy o goed a dyfwyd mewn coedwigoedd cynaliadwy. Disgwylir i'r prosesau torri coed a gweithgynhyrchu gydymffurfio â rheoliadau amgylcheddol y wlad y mae'r cynnyrch yn tarddu ohoni.

Archebion: cysylltwch â Hachette UK Distribution, Canolfan Hely Hutchinson, Heol Milton, Didcot, Swydd Rydychen, OX11 7HH. Ffôn: +44 (0)1235 827827. E-bost education@hachette.co.uk. Mae'r llinellau ar agor o 9 am tan 5 pm, o ddydd Llun i ddydd Gwener. Gallwch hefyd archebu trwy ein gwefan: www.hoddereducation.co.uk

ISBN 978 1 510 44308 2

© Jeremy Pollard, 2017 (yr argraffiad Saesneg)

Cyhoeddwyd gyntaf yn 2017 gan

Hodder Education,
an Hachette UK Company,
Carmelite House,
50 Victoria Embankment
London EC4Y 0DZ

© CBAC 2018 (yr argraffiad hwn ar gyfer CBAC)

Llun y clawr © J.R. Bale / Alamy Stock Photo

Teiposodwyd yn Bembo Std Regular 11/13 gan Integra Software Services Pvt. Ltd., Pondicherry, India

Argraffwyd a rhwymwyd gan CPI Group (UK) Ltd, Croydon, CR0 4YY

Mae cofnod catalog y teitl hwn ar gael gan y Llyfrgell Brydeinig.

# Gwneud y gorau o'r llyfr hwn

Mae'n rhaid i bawb benderfynu ar ei strategaeth adolygu ei hun, ond mae'n hanfodol edrych eto ar eich gwaith, ei ddysgu a phrofi eich dealltwriaeth. Bydd y Nodiadau Adolygu hyn yn eich helpu chi i wneud hynny mewn ffordd drefnus, fesul testun. Defnyddiwch y llyfr hwn fel sail i'ch gwaith adolygu – gallwch chi ysgrifennu arno i bersonoli eich nodiadau a gwirio eich cynnydd drwy roi tic yn ymyl pob adran wrth i chi adolygu.

## Ticio i dracio eich cynnydd

Defnyddiwch y rhestr wirio adolygu ar dudalennau iv–vi i gynllunio eich adolygu, fesul testun. Ticiwch bob blwch pan fyddwch chi wedi:
- adolygu a deall testun
- profi eich hun
- ymarfer y cwestiynau enghreifftiol a mynd i'r wefan i wirio eich atebion.

Gallwch chi hefyd gadw trefn ar eich adolygu drwy roi tic wrth ymyl pennawd pob testun yn y llyfr. Efallai y bydd yn ddefnyddiol i chi wneud eich nodiadau eich hun wrth i chi weithio drwy bob testun.

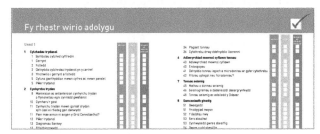

# Nodweddion i'ch helpu chi i lwyddo

## Cyngor

Rydyn ni'n rhoi cyngor gan arbenigwyr drwy'r llyfr cyfan i'ch helpu chi i wella eich techneg arholiad er mwyn rhoi'r cyfle gorau posibl i chi yn yr arholiad.

## Profi eich hun

Cwestiynau byr sy'n gofyn am wybodaeth yw'r rhain, a dyma'r cam cyntaf i chi brofi faint rydych chi wedi'i ddysgu. Mae'r atebion yng nghefn y llyfr.

## Diffiniadau a geiriau allweddol

Rydyn ni'n rhoi diffiniadau clir a chryno o dermau allweddol hanfodol pan fyddan nhw'n ymddangos am y tro cyntaf.

Rydyn ni'n amlygu geiriau allweddol o'r fanyleb mewn print trwm drwy'r llyfr cyfan.

## Hafaliadau

Mae'r hafaliadau y dylech chi wybod sut i'w defnyddio i'w gweld ar dudalen viii. Byddwch chi'n cael taflen o'r hafaliadau hyn yn yr arholiad.

## Cwestiynau enghreifftiol

Rydyn ni'n rhoi cwestiynau enghreifftiol ar gyfer pob testun. Defnyddiwch nhw i atgyfnerthu eich gwaith adolygu ac i ymarfer eich sgiliau arholiad.

## Crynodeb

Mae'r crynodebau yn rhoi rhestr o bwyntiau bwled i'w gwirio'n gyflym ar gyfer pob testun.

## Gwefan

Ewch i'r wefan ganlynol i wirio eich atebion i'r cwestiynau enghreifftiol: **www.hoddereducation.co.uk/fynodiadauadolygu**

Mae'r symbol hwn yn golygu bod y testun yn ymwneud â deunydd haen uwch.

# Fy rhestr wirio adolygu

## Uned 1

Atebion i'r cwestiynau enghreifftiol:
www.hoddereducation.co.uk/fynodiadauadolygu

ADOLYGU  PROFI  YN BAROD AR GYFER YR ARHOLIAD

# Y cyfnod cyn yr arholiadau

## 6–8 wythnos i fynd

- Dechreuwch drwy edrych ar y fanyleb – gwnewch yn siŵr eich bod chi'n gwybod yn union pa ddeunydd mae angen i chi ei adolygu a beth yw arddull yr arholiad. Defnyddiwch y rhestr wirio adolygu ar dudalennau iv–vi i ddod yn gyfarwydd â'r testunau.
- Trefnwch eich nodiadau, gan wneud yn siŵr eich bod chi wedi cynnwys popeth sydd ar y fanyleb. Bydd y rhestr wirio adolygu yn eich helpu chi i drefnu eich nodiadau fesul testun.
- Lluniwch gynllun adolygu realistig a fydd yn caniatáu amser i chi ymlacio. Dewiswch ddyddiau ac amseroedd ar gyfer pob pwnc y mae angen i chi ei astudio, a chadwch at eich amserlen.
- Gosodwch dargedau call i chi eich hun. Rhannwch eich amser adolygu yn sesiynau dwys o ryw 40 munud, gydag egwyl ar ôl pob sesiwn. Mae'r Nodiadau Adolygu hyn yn trefnu'r ffeithiau sylfaenol yn adrannau byr, cofiadwy er mwyn gwneud adolygu'n haws.

ADOLYGU ☐

## 2–6 wythnos i fynd

- Darllenwch drwy rannau perthnasol y llyfr hwn a chyfeiriwch at y blychau Cyngor, y Crynodebau a'r Termau allweddol. Ticiwch y testunau wrth i chi deimlo'n hyderus amdanyn nhw. Amlygwch y testunau hynny sy'n anodd i chi ac edrychwch arnyn nhw eto'n fanwl.
- Profwch eich dealltwriaeth o bob testun drwy weithio drwy'r cwestiynau 'Profi eich hun' yn y llyfr. Gwiriwch yr atebion yng nghefn y llyfr.
- Gwnewch nodyn o unrhyw feysydd sy'n achosi problem wrth i chi adolygu, a gofynnwch i'ch athrawes/athro roi sylw i'r rhain yn y dosbarth.
- Edrychwch ar gyn-bapurau. Dyma un o'r ffyrdd gorau i chi adolygu ac ymarfer eich sgiliau arholiad. Ysgrifennwch neu paratowch gynlluniau o atebion i'r cwestiynau enghreifftiol sydd yn y llyfr hwn. Gwiriwch eich atebion ar y wefan: **www.hoddereducation.co.uk/ fynodiadauadolygu**
- Rhowch gynnig ar ddulliau gwahanol o adolygu. Er enghraifft, gallwch chi wneud nodiadau gan ddefnyddio mapiau meddwl, diagramau corryn neu gardiau fflach.
- Defnyddiwch y rhestr wirio adolygu i dracio eich cynnydd a rhowch wobr i'ch hun ar ôl cyflawni eich targed.

ADOLYGU ☐

## Wythnos i fynd

- Ceisiwch gael amser i ymarfer cyn-bapur cyfan wedi'i amseru, o leiaf unwaith eto, a gofynnwch i'ch athro am adborth. Cymharwch eich gwaith yn fanwl â'r cynllun marcio.
- Gwiriwch y rhestr wirio adolygu i wneud yn siŵr nad ydych chi wedi gadael unrhyw destunau allan. Ewch dros unrhyw feysydd sy'n anodd i chi drwy eu trafod gyda ffrind neu gael help gan eich athro.
- Dylech chi fynd i unrhyw ddosbarthiadau adolygu y mae eich athro yn eu cynnal. Cofiwch, mae ef neu hi yn arbenigwr o ran paratoi pobl ar gyfer arholiadau.

ADOLYGU ☐

## Y diwrnod cyn yr arholiad

- Ewch drwy'r Nodiadau Adolygu hyn yn gyflym i'ch atgoffa eich hun o bethau defnyddiol, er enghraifft y blychau Cyngor a'r Termau allweddol.
- Gwiriwch amser a lleoliad eich arholiad.
- Gwnewch yn siŵr bod gennych chi bopeth sydd ei angen – beiros a phensiliau ychwanegol, hancesi papur, oriawr, potel o ddŵr, losin.
- Cofiwch adael rhyfaint o amser i ymlacio ac ewch i'r gwely'n gynnar i sicrhau eich bod chi'n ffres ac yn effro ar gyfer yr arholiad.

ADOLYGU ☐

## Fy arholiadau

**TGAU Ffiseg Uned 1**

Dyddiad: ..................................................................

Amser: ....................................................................

Lleoliad: ..................................................................

**TGAU Ffiseg Uned 2**

Dyddiad: ..................................................................

Amser: ....................................................................

Lleoliad: ..................................................................

# Hafaliadau

| | |
|---|---|
| cerrynt = $\dfrac{\text{foltedd}}{\text{gwrthiant}}$ | $I = \dfrac{V}{R}$ |
| cyfanswm gwrthiant mewn cylched gyfres | $R = R_1 + R_2$ |
| cyfanswm gwrthiant mewn cylched baralel | $\dfrac{1}{R} = \dfrac{1}{R_1} = \dfrac{1}{R_2}$ |
| egni sy'n cael ei drosglwyddo = pŵer × amser | $E = Pt$ |
| pŵer = foltedd × cerrynt | $P = VI$ |
| pŵer = cerrynt$^2$ × gwrthiant | $P = I^2R$ |
| % effeithlonrwydd = $\dfrac{\text{egni [neu bŵer] sy'n cael ei drosglwyddo mewn ffordd ddefnyddiol}}{\text{cyfanswm egni [neu bŵer] sy'n cael ei gyflenwi}} \times 100$ | |
| dwysedd = $\dfrac{\text{màs}}{\text{cyfaint}}$ | $\rho = \dfrac{m}{V}$ |
| unedau a ddefnyddiwyd [kWawr] = pŵer(kW) × amser (h)<br>cost = unedau a ddefnyddiwyd × cost am bob uned | |
| buanedd ton = tonfedd × amledd | $v = \lambda f$ |
| buanedd = $\dfrac{\text{pellter}}{\text{amser}}$ | |
| gwasgedd = $\dfrac{\text{grym}}{\text{arwynebedd}}$ | $p = \dfrac{F}{A}$ |
| $p$ = gwasgedd, $V$ = cyfaint, $T$ = tymheredd kelvin | $\dfrac{pV}{T} = \text{cysonyn}$ |
| | $T/K = \theta/{}^{\circ}C + 273$ |
| newid mewn egni thermol = màs × cynhwysedd gwres sbesiffig<br>× newid mewn tymheredd | $\Delta Q = mc\Delta\theta$ |
| egni thermol ar gyfer newid cyflwr = màs × gwres cudd sbesiffig | $Q = mL$ |
| grym ar ddargludydd (ar ongl sgwâr i faes magnetig)<br>sy'n cludo cerrynt = cryfder maes magnetig × cerrynt × hyd | $F = BIl$ |
| $V_1$ = foltedd ar draws y coil cynradd, $V_2$ = foltedd ar draws y coil eilaidd, $N_1$ = nifer y troadau ar y coil cynradd, $N_2$ = nifer y troadau ar y coil eilaidd | $\dfrac{V_1}{V_2} = \dfrac{N_1}{N_2}$ |
| cyflymiad [neu arafiad] = $\dfrac{\text{newid mewn cyflymder}}{\text{amser}}$ | $a = \dfrac{\Delta v}{t}$ |
| cyflymiad = graddiant graff cyflymder–amser | |
| pellter a deithiwyd = arwynebedd o dan graff cyflymder–amser | |
| grym cydeffaith = màs × cyflymiad | $F = ma$ |
| pwysau = màs × cryfder maes disgyrchiant | $W = mg$ |
| gwaith = grym × pellter | $W = Fd$ |
| egni cinetig = $\dfrac{\text{màs} \times \text{cyflymder}^2}{2}$ | $KE = \dfrac{1}{2}mv^2$ |
| newid mewn egni potensial = màs × cryfder maes disgyrchiant × newid mewn uchder | $PE = mgh$ |
| grym = cysonyn sbring × estyniad | $F = kx$ |
| gwaith sy'n cael ei wneud i estyn = arwynebedd o dan y graff grym–estyniad | $W = \dfrac{1}{2}Fx$ |
| momentwm = màs × cyflymder | $p = mv$ |
| grym = $\dfrac{\text{newid mewn momentwm}}{\text{amser}}$ | $F = \dfrac{\Delta p}{t}$ |
| $u$ = cyflymder cychwynnol<br>$v$ = cyflymder terfynol<br>$t$ = amser<br>$a$ = cyflymiad<br>$x$ = dadleoliad | $v = u + at$<br>$x = \dfrac{u+v}{2}t$<br>$x = ut + \dfrac{1}{2}at^2$<br>$v^2 = u^2 + 2ax$ |
| moment = grym × pellter | $M = Fd$ |

Atebion i'r cwestiynau enghreifftiol: **www.hoddereducation.co.uk/fynodiadauadolygu**

# 1 Cylchedau trydanol

Mae'r bennod hon yn ymchwilio i'r berthynas rhwng cerrynt, gwahaniaeth potensial (neu foltedd) a gwrthiant. Mae'n dangos y berthynas rhwng folteddau a cheryntau mewn cylchedau cyfres a pharalel, a sut i gyfrifo cyfanswm y gwrthiant mewn cylched. Mae'n edrych ar gysyniad **pŵer** trydanol fel yr egni sy'n cael ei drosglwyddo am bob uned amser ac mae'n cyflwyno'r hafaliadau ar gyfer cyfrifo'r pŵer y mae dyfais yn ei drosglwyddo.

> **Pŵer** yw'r egni sy'n cael ei drosglwyddo am bob uned amser.

## Symbolau cylched cyffredin

ADOLYGU

| | | | |
|---|---|---|---|
| Cell | —⊣⊢— | Amedr | —(A)— |
| Batri | —⊣⊢···⊣⊢— | Foltmedr | —(V)— |
| Lamp dangosydd | —⊗— | Microffon | —◲ |
| Lamp ffilament | —⊖— | Cloch | ⌓ |
| Switsh | —∘⁄∘— | Swnyn | ◁ |
| Gwrthydd | —▭— | Uchelseinydd | ◁ |
| Gwrthydd newidiol | —▱— | Modur | —(M)— |
| Deuod | —▷⊢— | LED | ▷⊢ |
| Ffiws | —▭— | LDR | ▭ |
| Thermistor | —▱— | Cell solar | ⊕ |

**Ffigur 1.1 Symbolau cylched cyffredin.**

## Cerrynt

ADOLYGU

Mae'r cerrynt sy'n llifo drwy gydrannau trydanol mewn cylched yn cael ei fesur mewn amperau (neu amps), A, gan ddefnyddio amedr wedi'i gysylltu mewn cyfres â'r cydrannau.

### Cylchedau cyfres

Gyda chydrannau sydd wedi'u cysylltu mewn cyfres, mae'r cerrynt yr un peth ar unrhyw bwynt yn y gylched. Mae hyn yn golygu bod yr un cerrynt yn llifo drwy bob cydran mewn cylched gyfres. Yn Ffigur 1.2, bydd yr amedr yn A yn dangos yr un peth ag amedr sydd wedi'i gysylltu â'r gylched yn B neu C.

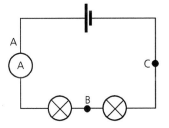

**Ffigur 1.2 Cylched gyfres.**

### Cylchedau paralel

Pan mae cydrannau wedi'u cysylltu mewn paralel, mae'r cerrynt yn ymrannu pan mae'n cyrraedd cysylltle yn y gylched. Does dim cerrynt yn cael ei golli mewn cysylltle, felly mae cyfanswm y cerrynt i mewn i'r cysylltle yn hafal i gyfanswm y cerrynt allan o'r cysylltle. Yn Ffigur 1.3, mae'r cerrynt yn P yn hafal i'r cerrynt yn Q adio'r cerrynt yn R; mae'r cerrynt yn X adio'r cerrynt yn Y yn hafal i'r cerrynt yn Z.

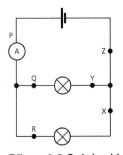

**Ffigur 1.3 Cylched baralel.**

## Foltedd

Mae'r foltedd ar draws cydrannau mewn cylched yn cael ei fesur mewn foltiau gan ddefnyddio foltmedr. Mae foltmedrau bob amser wedi'u cysylltu mewn paralel ar draws cydrannau, fel yn Ffigur 1.4. Mewn cylchedau cyfres, mae'r folteddau'n adio i roi foltedd y cyflenwad. Mewn cylchedau paralel, fel Ffigur 1.3, mae'r foltedd yr un fath ar draws pob bwlb. Bydd foltmedr wedi'i gysylltu rhwng Q ac Y yn dangos yr un foltedd ag un wedi'i gysylltu rhwng R ac X.

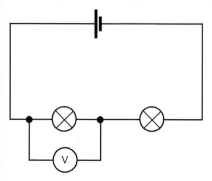

**Ffigur 1.4 Mae'r foltmedr yn mesur y foltedd ar draws un bwlb.**

## Defnyddio cylchedau trydanol yn y cartref

Mae'r rhan fwyaf o gylchedau trydanol y prif gyflenwad yn eich cartref wedi'u cysylltu mewn paralel. Mae hyn yn fanteisiol am sawl rheswm:
- Os bydd un gydran yn y gylched yn stopio gweithio, bydd pob un arall yn parhau i weithio'n iawn.
- Mae'r foltedd yr un fath ar gyfer pob cydran.
- Mae'n llawer haws cysylltu'r holl gylchedau â'i gilydd, ac ychwanegu cylchedau newydd.
- Mae'n hawdd cyfrifo cyfanswm y cerrynt sy'n cael ei dynnu gan rannau gwahanol o'r gylched (maen nhw i gyd yn adio at ei gilydd).
- Mae'n fwy diogel – mae'n bosibl diogelu pob rhan o'r gylched gyda'i ffiws neu ei thorrwr cylched ei hun ac mae'n bosibl ei rheoli gyda'i switsh ei hun.

1 Sut dylai amedr gael ei gysylltu â chylched er mwyn mesur cerrynt?
2 Mae cyflenwad pŵer yn cyflenwi 1.3 A i fwlb golau a 0.8 A i fodur bach trydan sydd wedi'i gysylltu mewn paralel â'r bwlb golau. Beth yw cyfanswm y cerrynt sy'n cael ei dynnu o'r cyflenwad pŵer?
3 Beth fyddai'r fantais o gysylltu 12 o oleuadau coeden Nadolig mewn paralel, yn hytrach na mewn cyfres?

Atebion ar dudalen 119

# Ymchwilio i gerrynt a foltedd

Mae Ffigur 1.5 yn dangos gwrthydd newidiol sydd wedi'i gysylltu mewn cyfres â gwrthydd sefydlog. Mae'n bosibl newid gwrthiant y gwrthydd newidiol er mwyn amrywio'r cerrynt drwy'r gwrthydd sefydlog, a hefyd y foltedd sydd ar ei draws. Byddai'n bosibl gosod unrhyw gydran yn lle'r gwrthydd sefydlog, er enghraifft lamp ffilament, er mwyn ymchwilio i sut mae'r cerrynt a'r foltedd yn amrywio ar gyfer y gydran.

## Perthnasoedd foltedd–cerrynt

Mae'r graffiau yn Ffigur 1.6 yn dangos y berthynas foltedd–cerrynt ar gyfer gwrthydd sefydlog a lamp ffilament.

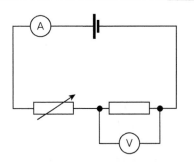

**Ffigur 1.5** Mae'r gwrthydd newidiol yn rheoli'r cerrynt drwy wrthydd sefydlog, a hefyd y foltedd sydd ar ei draws.

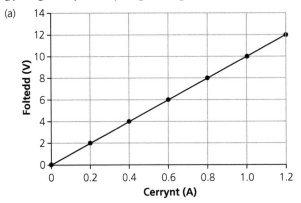

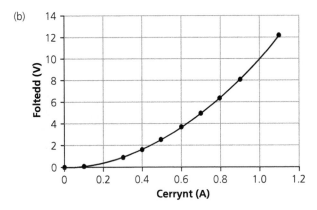

**Ffigur 1.6 (a)** Foltedd yn erbyn cerrynt ar gyfer gwrthydd sefydlog 10 Ω a (b) lamp ffilament.

- Mewn gwrthyddion sefydlog (a gwifrau ar dymheredd cyson), mae'r foltedd a'r cerrynt mewn cyfrannedd â'i gilydd – bydd dyblu'r cerrynt yn dyblu'r foltedd. Mae'r graff yn llinol (llinell syth). Bydd gwrthiant mwy'n rhoi goledd mwy ar graff $V–I$.
- Mewn cydrannau fel lampiau ffilament, mae'r gwrthiant yn newid yn ôl y cerrynt. Mae gwrthiant lamp ffilament yn cynyddu gyda cherrynt, felly mae goledd y graff foltedd–cerrynt yn cynyddu.
- Yn yr arholiad, efallai byddwch chi'n gweld graffiau $V–I$ (fel yn Ffigur 1.6) neu graffiau $I–V$, lle mae cerrynt yn cael ei blotio ar yr echelin-$y$ a $V$ ar yr echelin-$x$.

Mae cerrynt, foltedd a gwrthiant cydrannau trydanol ac electronig i gyd yn perthyn i'w gilydd. Cynhaliodd y ffisegydd Georg Ohm ymchwil i hyn ym 1827. Gallwn ni grynhoi ei ganfyddiadau drwy ddefnyddio'r hafaliad:

$$\text{cerrynt, } I \text{ (amp)} = \frac{\text{foltedd, } V \text{ (foltiau)}}{\text{gwrthiant, } R \text{ (ohm)}}$$

$$I = \frac{V}{R}$$

Gallwn ni ddefnyddio'r hafaliad hwn i gyfrifo unrhyw un o'r tri newidyn, ar yr amod ein bod ni'n gwybod y ddau arall.

### Enghreifftiau

1 Mae foltedd o 12 V ar draws gwrthydd sefydlog 20 Ω (ohm). Cyfrifwch y cerrynt sy'n llifo drwyddo.

2 (Haen Uwch) Cyfrifwch wrthiant lamp ffilament sy'n gweithredu ar 6 V gyda cherrynt o 0.3 A yn llifo drwyddi.

### Atebion

1 $I = \dfrac{V}{R} = \dfrac{12}{20} = 0.6\,\text{A}$

2 $I = \dfrac{V}{R}$ felly mae $R = \dfrac{V}{I} = \dfrac{6}{0.3} = 20\,\Omega$

## Thermistorau, deuodau a gwrthyddion golau-ddibynnol

Cydrannau tebyg i wrthyddion yw thermistorau, ond mae eu gwrthiant yn newid yn ôl y tymheredd. Mae'r rhan fwyaf o thermistorau'n lleihau eu gwrthiant gyda thymheredd – yr enw ar y rhain yw thermistorau cyfernod tymheredd negatif (ntc). Mae'n bosibl defnyddio thermistorau mewn cylchedau fel synwyryddion tymheredd trydanol.

Ystyr gwrthyddion golau-ddibynnol (LDRs) yw cydrannau sy'n newid eu gwrthiant, yn dibynnu ar arddwysedd y golau sy'n disgleirio arnyn nhw. Gallan nhw gael eu defnyddio fel synwyryddion golau mewn cylchedau trydanol. Mae'r rhan fwyaf o LDRs yn lleihau eu gwrthiant wrth i'r arddwysedd golau gynyddu.

Cydrannau trydanol sy'n rheoli cyfeiriad llif y cerrynt mewn cylched yw deuodau. Maen nhw'n gweithredu fel gatiau trydanol un-ffordd, gan ganiatáu i'r cerrynt lifo i un cyfeiriad yn unig drwy'r deuod. Mae Ffigur 1.8 yn dangos sut gallech chi ddarganfod y graff nodweddion trydanol ar gyfer deuod, ynghyd ag enghraifft o nodwedd drydanol.

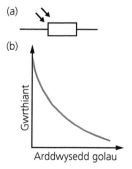

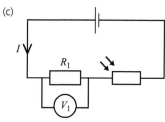

Ffigur 1.7 (a) Y symbol trydanol ar gyfer LDR. (b) Amrywiad y gwrthiant mewn LDR nodweddiadol gydag arddwysedd golau. (c) Diagram cylched drydanol sy'n dangos sut gall LDR gael ei ddefnyddio mewn cylched drydanol.

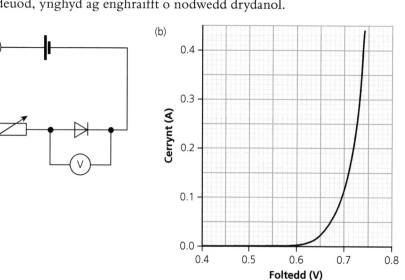

Ffigur 1.8 (a) Cylched ar gyfer darganfod y graff *I–V* ar gyfer deuod a (b) y graff nodweddion trydanol (*I–V*) ar gyfer deuod.

# Cyfuno gwrthyddion mewn cyfres ac mewn paralel

Pan mae dau neu ragor o wrthyddion (neu gydrannau) yn cael eu cyfuno â'i gilydd mewn cylched gyfres (fel yn Ffigur 1.9), mae cyfanswm gwrthiant y gylched yn cynyddu ac mae'n cael ei gyfrifo drwy adio pob gwrthiant at ei gilydd gan ddefnyddio'r hafaliad:

$R = R_1 + R_2$

Mae cyfuno gwrthyddion mewn paralel yn lleihau gwrthiant cyffredinol y gylched. Mae Ffigur 1.10 yn dangos dau wrthydd, $R_1$ a $R_2$, wedi'u trefnu mewn paralel gyda batri.

Gallwn ni gyfrifo gwrthiant cyffredinol, $R$, cylched baralel drwy ddefnyddio'r hafaliad:

$$\frac{1}{R} = \frac{1}{R_1} + \frac{1}{R_2} + \frac{1}{R_3} + ...$$

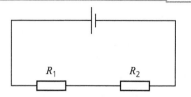

**Ffigur 1.9 Gwrthyddion mewn cyfres.**

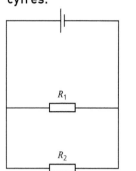

**Ffigur 1.10 Gwrthyddion mewn paralel.**

## Pŵer trydanol

Mae pŵer trydanol, $P$, yn dweud wrthyn ni ar ba gyfradd mae dyfais yn trosglwyddo egni trydanol a chaiff ei fesur mewn watiau, W. Gallwn ni ei gyfrifo drwy ddefnyddio'r hafaliad:

$P = VI$

neu'r hafaliad:

$P = I^2R$

### Enghreifftiau

1 Cyfrifwch bŵer lamp ffilament sy'n gweithredu ar foltedd o 12 V a cherrynt o 0.5 A.
2 Mae cerrynt o 0.8 A yn llifo drwy wrthydd sefydlog â gwrthiant o 25 Ω. Cyfrifwch bŵer y gwrthydd sefydlog.

#### Atebion

1 $P = VI = 12 \times 0.5 = 6\,W$
2 $P = I^2R = 0.8^2 \times 25 = 16\,W$

### Cyngor

Yn aml, bydd cwestiwn arholiad yn rhoi hafaliad i chi, ond weithiau bydd gofyn i chi ddarganfod hafaliad addas o'r daflen fformiwlâu a fydd y tu mewn i glawr y papur arholiad. Ar bapur yr Haen Uwch, efallai bydd gofyn i chi hefyd ad-drefnu hafaliad, felly mae angen i chi ymarfer y sgìl hon.

### Profi eich hun

PROFI

4 Mae'r graff $V–I$ ar gyfer bwlb ffilament i'w weld yn Ffigur 1.6 (b). Brasluniwch y graff $I–V$ ar gyfer y bwlb hwn, gydag $I$ ar yr echelin-$y$ a $V$ ar yr echelin-$x$.
5 Cyfrifwch y cerrynt sy'n llifo drwy wrthydd 15 Ω sydd â foltedd o 3.0 V ar ei draws.
6 Cyfrifwch bŵer y gwrthydd yng Nghwestiwn 5.

Atebion ar dudalen 119

### Crynodeb

- Mae Ffigur 1.1 yn dangos symbolau cyffredin cylched drydanol.
- Mewn cylched gyfres, mae'r cerrynt yr un fath drwy'r gylched gyfan ac mae'r folteddau'n adio at ei gilydd i roi foltedd y prif gyflenwad.

- Mewn cylchedau paralel, mae'r foltedd yr un fath ar draws pob cangen o'r gylched ac mae swm y ceryntau ym mhob cangen yn hafal i'r cerrynt yn y prif gyflenwad.
- Rydyn ni'n defnyddio foltmedrau ac amedrau i fesur y foltedd ar draws cydrannau trydanol, a'r cerrynt drwyddyn nhw, mewn cylchedau trydanol.
- Gallwn ni ddangos nodweddion foltedd a cherrynt cydran ar graff $V$–$I$ neu ar graff $I$–$V$.
- Yr hafaliad ar gyfer cerrynt $I$ sy'n llifo drwy gydran, lle mae $V$ yn cynrychioli'r foltedd ar draws cydran â gwrthiant $R$ yw

$$I = \frac{V}{R}$$

- Mae ychwanegu cydrannau mewn cyfres yn cynyddu cyfanswm y gwrthiant mewn cylched; mae ychwanegu cydrannau mewn paralel yn lleihau cyfanswm y gwrthiant mewn cylched.

- Gallwn ni gyfrifo cyfanswm gwrthiant, $R$, dau wrthydd, $R_1$ a $R_2$, sydd wedi'u cysylltu mewn cyfres drwy ddefnyddio:

$$R = R_1 + R_2$$

- Gallwn ni gyfrifo cyfanswm gwrthiant, $R$, dau wrthydd, $R_1$ a $R_2$, wedi'u cysylltu mewn paralel drwy ddefnyddio:

$$\frac{1}{R} = \frac{1}{R_1} + \frac{1}{R_2}$$

- Pŵer trydanol yw'r egni trydanol sy'n cael ei drosglwyddo am bob uned amser:

$$E = Pt$$

- Gallwn ni gyfrifo pŵer trydanol gan ddefnyddio'r ddau hafaliad hyn:

$$P = VI$$

$$P = I^2R$$

## Cwestiynau enghreifftiol

1 Mae Ffigur 1.11 yn dangos rhan o gylched oleuo prif gyflenwad sy'n cael ei hamddiffyn gan ffiws ym mlwch ffiwsiau y tŷ (uned defnyddiwr). Lampau yw A, B a C; switshis yw $S_1$, $S_2$ a $S_3$

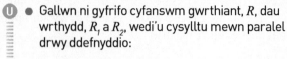

**Ffigur 1.11**

(a) Copïwch a chwblhewch y brawddegau isod drwy ddewis y geiriau cywir o'r dewis yn y cromfachau. [2]
Os oes gormod o gerrynt yn cael ei dynnu gan y gylched oleuadau, bydd y ffiws yn ymdoddi. Mae hyn yn gwneud y gylched yn [gyflawn/anghyflawn] a bydd y lampau [ymlaen/i ffwrdd].

(b) Mae'r ffiws yn y gylched hon yn gweithio'n iawn. Mae'n rhaid bod yna gylched gyflawn i lamp gynnau.
(i) Nodwch pa lamp(au) sy'n cynnau pan fydd $S_1$ a $S_2$ ar gau (ymlaen) a $S_3$ ar agor (i ffwrdd). [1]
(ii) Nodwch pa lamp(au) sy'n cynnau pan fydd $S_3$ ar gau (ymlaen) a $S_1$ a $S_2$ ar agor (i ffwrdd). [1]

*TGAU Ffiseg CBAC P2 Haen Sylfaenol Haf 2010 C9*

2 Mae Ffigur 1.12 yn dangos rhan o gylched oleuo prif gyflenwad sy'n cael ei hamddiffyn gan ffiws ym mlwch ffiwsiau'r prif gyflenwad (uned defnyddiwr). Lampau yn y gylched yw A, B, C a D. Mae'r tabl yn rhoi gwybodaeth am bob lamp.

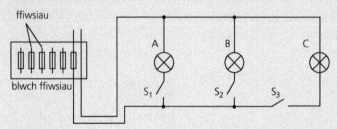

| Lamp | Pŵer (W) | Cerrynt (A) |
|------|----------|-------------|
| A | 40 | 0.17 |
| B | 60 | 0.26 |
| C | 40 | 0.17 |
| D | 60 | 0.26 |

**Ffigur 1.12**

(a) Pan mae'n gweithio'n normal, cyfrifwch faint o gerrynt sy'n llifo drwy'r ffiws yn X. [1]
(b) Ychwanegwch y canlynol at y diagram cylched:
(i) switsh wedi'i labelu â $S_1$ sy'n rheoli lamp A yn unig
(ii) switsh wedi'i labelu â $S_2$ sy'n rheoli lampau C a D yn unig. [2]

*TGAU Ffiseg CBAC P2 Haen Uwch Haf 2010 C4*

3 Mae Ffigur 1.13 yn dangos amedr, A, a foltmedr, V, wedi'u cysylltu â chyflenwad pŵer a gwifren wrthiant XY. Mae cysylltydd, S, yn ei gwneud yn bosibl i newid hyd y wifren yn y gylched.

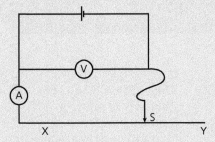

Ffigur 1.13

(a) Mae'r foltmedr yn darllen 6 V a'r amedr yn darllen 1.2 A pan fydd S yn y safle sydd i'w weld yn y diagram. Nodwch hafaliad addas y gallech chi ei ddefnyddio i gyfrifo gwrthiant y wifren rhwng X a S, ac yna defnyddiwch yr hafaliad a'r data i gyfrifo hyn. [3]

(b) Mae'r cysylltydd S yn cael ei symud tuag at Y. Nodwch yr effaith, os oes effaith o gwbl, y byddai hyn yn ei gael ar:

(i) y gwrthiant yn y gylched [1]

(ii) y darlleniad ar yr amedr. [1]

TGAU Ffiseg CBAC P2 Haen Uwch Haf 2010 C1

4 Mae'r gylched sydd i'w gweld yn Ffigur 1.14 yn cael ei defnyddio i ymchwilio i sut mae gwrthiant lamp yn newid.

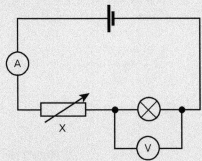

Ffigur 1.14

(a) Esboniwch sut mae cydran X yn ei gwneud yn bosibl cael set o ganlyniadau. [2]

(b) Mae'r canlyniadau hyn yn cael eu defnyddio i blotio'r graff sydd i'w weld yn Ffigur 1.15.

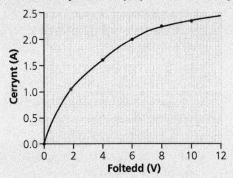

Ffigur 1.15

(i) Ysgrifennwch, mewn geiriau, hafaliad o'r rhestr hafaliadau ar dudalen viii a defnyddiwch ef i gyfrifo gwrthiant y lamp pan mae'r foltedd ar ei draws yn 4 V. [4]

(ii) Defnyddiwch y graff a hafaliad addas o'r rhestr hafaliadau ar dudalen viii i gyfrifo pŵer y lamp pan mae'r foltedd ar ei draws yn 4 V. [3]

TGAU Ffiseg CBAC P2 Haen Uwch Haf 2008 C6

## Atebion ar y wefan

GWEFAN

# 2 Cynhyrchu trydan

Mae trydan yn ffynhonnell egni ddefnyddiol iawn, gan fod modd ei gynhyrchu ar raddfa fawr. Hefyd, mae'n hawdd ei drosglwyddo'n effeithlon o gwmpas y wlad gan ddefnyddio newidyddion a'r Grid Cenedlaethol. Mae'n bosibl trosglwyddo trydan i ffurfiau defnyddiol eraill, er enghraifft golau a gwres, yn gymharol hawdd. Gellir cynhyrchu trydan drwy ddefnyddio **technolegau adnewyddadwy** neu **anadnewyddadwy**, a phob un o'r rhain gyda'i fanteision a'i anfanteision ei hun. Mae dros 90 y cant o drydan y DU yn cael ei gynhyrchu mewn gorsafoedd trydan (pŵer) mawr gan ddefnyddio tanwyddau ffosil, fel glo, olew neu nwy, neu drwy ddefnyddio pŵer niwclear.

> Mae **technolegau egni adnewyddadwy** yn defnyddio adnoddau sydd byth yn dod i ben, gan ei bod yn bosibl eu hailgyflenwi.
>
> Mae **technolegau anadnewyddadwy** yn defnyddio adnoddau egni a fydd yn dod i ben, gan mai adnoddau cyfyngedig ydyn nhw a dydy hi ddim yn bosibl eu hailgyflenwi.

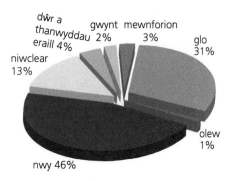

**Ffigur 2.1  Cynhyrchu trydan yn y DU yn ôl math o danwydd.**

> **Cyngor**
>
> Cofiwch astudio graffiau, diagramau a siartiau'n ofalus iawn cyn ateb cwestiynau sy'n seiliedig arnyn nhw.

## Manteision ac anfanteision cynhyrchu trydan o ffynonellau egni cynradd gwahanol

ADOLYGU

| Ffynhonnell egni gynradd | Manteision | Anfanteision |
|---|---|---|
| Tanwyddau ffosil (fel glo, olew a nwy) | Gall symiau mawr o drydan gael eu cynhyrchu'n rhad.<br><br>Mae gorsafoedd trydan sydd wedi'u pweru gan danwyddau ffosil yn ddibynadwy iawn.<br><br>Mae cyflenwad sicr o danwyddau ffosil. | Gall gorsafoedd trydan tanwyddau ffosil fod yn frwnt (yn enwedig rhai glo).<br><br>Mae llosgi tanwyddau ffosil yn cynhyrchu nwy carbon deuocsid sy'n cyfrannu at yr effaith tŷ gwydr a chynhesu byd-eang.<br><br>Mae llosgi tanwyddau ffosil yn cynhyrchu nwy sylffwr deuocsid, sy'n cyfrannu at law asid.<br><br>Rhaid dod â symiau mawr o danwydd i'r safle, a rhaid cael gwared ar wastraff o'r safle (yn achos glo).<br><br>Mae tanwyddau ffosil yn ffurf anadnewyddadwy ar egni. |

→

| Ffynhonnell egni gynradd | Manteision | Anfanteision |
|---|---|---|
| Egni niwclear | Ddim yn rhyddhau **nwyon tŷ gwydr** (dim llygredd aer).<br><br>Mae'n gallu cynhyrchu egni am gyfnodau hir o amser heb orfod ail-lenwi â thanwydd.<br><br>Mae'n ddibynadwy iawn.<br><br>Mae'n gallu cynhyrchu llawer o egni. | Gall fod yn ddrud adeiladu gorsaf drydan niwclear.<br><br>Mae costau datgomisiynu gorsaf drydan niwclear yn ddrud.<br><br>Rhaid storio gwastraff ymbelydrol yn ddiogel am amser hir iawn.<br><br>Mae pŵer niwclear yn anadnewyddadwy.<br><br>Mae risg o ymosodiad terfysgol.<br><br>Mae perygl posibl o ddamwain niwclear. |
| Egni gwynt | Dydy gwynt ddim yn defnyddio tanwydd.<br><br>Mae'n ffurf adnewyddadwy ar egni.<br><br>Does dim llygredd aer. | Mae safleoedd gwyntog yn tueddu i fod yn bell o ganolfannau poblog – mae angen llinellau pŵer foltedd uchel i drawsyrru'r trydan. Gall y rhain fod yn hyll.<br><br>Dim ond pan mae hi'n wyntog mae tyrbinau gwynt yn gweithio.<br><br>Gall pob tyrbin gwynt gynhyrchu swm bach o drydan yn unig, felly mae angen llawer o dyrbinau.<br><br>Gall tyrbinau gwynt fod yn hyll. |
| Egni solar | Ffurf adnewyddadwy ar egni.<br><br>Ar gael yn hawdd ac yn rhagfynegadwy – yn ystod y dydd.<br><br>Rhad ei osod. Gall paneli solar gael eu hôl-osod (*retro-fit*) ar adeiladau.<br><br>Hawdd ei osod mewn ardaloedd lle mae poblogaethau mawr. | Ddim yn cynhyrchu trydan yn y nos.<br><br>Mae gorsafoedd pŵer solar ar raddfa fawr yn defnyddio llawer o dir.<br><br>Mae angen ardaloedd mawr o baneli solar er mwyn cynhyrchu llawer o drydan. |
| Pŵer trydan dŵr (*HEP: hydroelectric power*) | Mae *HEP* yn adnewyddadwy.<br><br>Does dim llygredd aer.<br><br>Gall gorsafoedd *HEP* mawr gynhyrchu symiau enfawr o drydan mewn ffordd ddibynadwy.<br><br>Mae gan orsafoedd *HEP* amser dechrau bron yn syth, felly mae'n bosibl eu cynnau a'u diffodd yn hawdd.<br><br>Does dim costau tanwydd.<br><br>Does dim tanwyddau ffosil yn cael eu defnyddio. | Rhaid adeiladu argaeau mawr, sy'n gallu bod yn ddrud.<br><br>Mae cymoedd yn cael eu llifogi pan mae argaeau yn cael eu hadeiladu, gan ddinistrio cynefinoedd.<br><br>Mae safleoedd *HEP* addas yn tueddu i fod yn bell o ardaloedd poblog – mae angen llinellau pŵer foltedd uchel i drawsyrru'r trydan. Gall y rhain fod yn hyll.<br><br>Gall sychder leihau'r cyflenwad dŵr sydd ei angen i gynhyrchu *HEP*. |
| Egni llanw/ tonnau | Mae egni tonnau ac egni llanw yn adnewyddadwy fel ei gilydd.<br><br>Mae egni llanw yn rhagweladwy iawn.<br><br>Gallai gorsafoedd trydan egni llanw ar raddfa fawr gynhyrchu llawer iawn o drydan.<br><br>Does dim tanwyddau ffosil yn cael eu defnyddio.<br><br>Dim llygredd.<br><br>Mae'n bosibl cynnau a diffodd y ddau fath o gynhyrchu pŵer yn gyflym iawn. | Mae egni tonnau yn annibynadwy ac mae angen tonnau addas iddo weithio.<br><br>Byddai angen nifer fawr o generaduron tonnau i gynhyrchu symiau sylweddol o egni.<br><br>Byddai morgloddiau egni llanw yn achosi i forydau lifogi ar raddfa fawr, gan ddinistrio cynefinoedd. |

| Ffynhonnell egni gynradd | Manteision | Anfanteision |
|---|---|---|
| Biodanwyddau (e.e. gwastraff anifeiliaid, pren a chnydau sy'n tyfu'n gyflym) | Ffurf adnewyddadwy ar egni.<br><br>Mae'n bosibl adeiladu gorsafoedd trydan graddfa fawr wedi'u pweru gan fiodanwyddau, gan gynhyrchu llawer iawn o drydan. | Mae angen ardaloedd mawr o dir er mwyn plannu planhigion/coed sy'n tyfu'n gyflym, neu mae angen llawer o wastraff anifeiliaid. Byddai'n rhaid cludo'r gwastraff mewn ffordd lân.<br><br>Er eu bod yn garbon niwtral, mae carbon deuocsid yn parhau i gael ei ryddhau i'r atmosffer.<br><br>Gall gorsafoedd trydan biodanwyddau fod yn hyll. |
| Egni geothermol | Ffurf adnewyddadwy ar egni.<br><br>Ddim yn cynhyrchu llygredd.<br><br>Ffynhonnell ddibynadwy o egni mewn mannau lle mae tarddellau poeth neu lle mae creigiau poeth yn agos at yr arwyneb.<br><br>Mae'n bosibl gosod pympiau gwres o'r ddaear mewn cartrefi domestig.<br><br>Ffurf rad ar egni. | Dim ond mewn rhai ardaloedd penodol mae tarddellau poeth a chreigiau poeth ar gael, fel arfer yn bell o boblogaethau mawr, felly mae angen peilonau a cheblau hyll.<br><br>Mae angen ardal fawr ar bympiau gwres o'r ddaear i allu dal gwres. |

**Cyngor**

Mewn cwestiynau ysgrifennu estynedig, mae gofyn i chi lunio atebion ysgrifenedig safonol; rhaid i chi feddwl yn ofalus am ansawdd y cyfathrebu ysgrifenedig rydych chi'n ei ddefnyddio. Dyma rai pethau amlwg i chi eu cofio: trefnu eich meddyliau a'ch dadleuon yn rhesymegol; atalnodi a gramadeg, er enghraifft defnyddio priflythrennau ac atalnodau llawn yn gywir; a defnyddio a sillafu termau gwyddonol allweddol yn gywir.

Mae **nwy tŷ gwydr** yn dal pelydriad yn atmosffer y Ddaear ac, felly, mae'n cyfrannu at gynhesu byd-eang. Mae carbon deuocsid a methan yn enghreifftiau o nwyon tŷ gwydr.

## Cymharu'r gost

ADOLYGU

| Cost | Gorsaf drydan glo | Fferm wynt | Gorsaf drydan niwclear |
|---|---|---|---|
| Costau comisiynu:<br><br>Prynu tir<br><br>Ffïoedd proffesiynol<br><br>Costau adeiladu<br><br>Costau llafur | Uchel | Isel | Uchel iawn |
| Costau rhedeg:<br><br>Costau llafur<br><br>Costau tanwydd | Uchel | Isel iawn | Uchel |
| Costau datgomisiynu:<br><br>Cael gwared ar y tanwydd (niwclear)<br><br>Chwalu<br><br>Glanhau | Uchel | Isel | Uchel iawn |

Atebion i'r cwestiynau enghreifftiol: **www.hoddereducation.co.uk/fynodiadauadolygu**

## Cynhyrchu trydan mewn gorsaf drydan sy'n cael ei rhedeg gan danwydd

ADOLYGU

Mewn gorsaf drydan sy'n cael ei phweru gan danwydd (ffosil), mae'r egni cemegol sy'n cael ei storio y tu mewn i'r glo, yr olew neu'r nwy yn cael ei ryddhau trwy'r broses o losgi, ynghyd ag aer/ocsigen, mewn ffwrnais ar sawl mil gradd Celsius. Mae hyn yn cynhyrchu digon o egni gwres (thermol) i droi symiau mawr o ddŵr yn ager bob eiliad yn y boeler. Yna mae'r ager yn cael ei or-wresogi (*superheated*) a'i wasgeddu, gan roi swm enfawr o egni cinetig iddo. Yn ei dro, mae hwn yn troi'r tyrbinau, gan eu troelli ar sawl mil cylchdro bob munud (rpm). Mae pob tyrbin wedi'i gysylltu â generadur trydan, sy'n cynhyrchu symiau mawr o egni trydanol, sydd yna'n cael ei allbynnu i'r Grid Cenedlaethol. Yna mae'r ager sydd wedi'i or-wresogi'n cael ei oeri a'i gyddwyso yn ôl i ddŵr, drwy ei basio drwy gilometrau o bibellau y tu mewn i'r tyrau oeri.

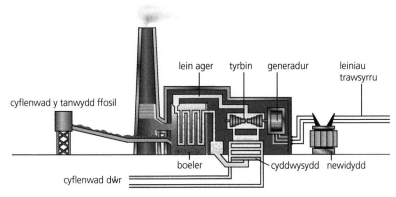

**Ffigur 2.2** Diagram cynllunio o orsaf drydan nodweddiadol sy'n cael ei phweru gan danwydd.

Mewn gorsaf drydan niwclear, mae adweithydd niwclear yn cael ei ddefnyddio i gynhyrchu'r gwres sydd ei angen i droi'r dŵr yn ager wedi'i or-wresogi.

## Pam mae arnon ni angen y Grid Cenedlaethol?

ADOLYGU

Mae dros 90% o drydan y DU yn cael ei gynhyrchu mewn gorsafoedd trydan ar raddfa fawr. Y Grid Cenedlaethol sy'n rheoli faint o drydan sy'n cael ei gynhyrchu gan y gorsafoedd trydan hyn, ac mae'n darparu:
● cyflenwad egni sicr, dibynadwy
● cyflenwad trydan sy'n cyd-fynd â'r newid yn y galw yn ystod y dydd a thros y flwyddyn
● llinellau pŵer foltedd uchel sy'n cysylltu gorsafoedd trydan â defnyddwyr
● is-orsafoedd trydan sy'n rheoli'r foltedd sy'n cael ei gyflenwi i ddefnyddwyr.

Mae swm y trydan sy'n cael ei ddefnyddio yn ystod un diwrnod a thros y flwyddyn yn amrywio mewn ffyrdd hawdd iawn eu rhagweld:

- Defnydd dyddiol ar ei uchaf tua 6 yr hwyr, pan fydd pobl yn coginio eu swper.
- Mae'r defnydd cyffredinol yn uwch yn y gaeaf nag yn yr haf, gan fod pobl yn defnyddio mwy o drydan ar gyfer goleuo a gwresogi.

## Y Grid Cenedlaethol

Pan mae cerrynt trydanol yn pasio drwy wifren, mae'n gwneud i'r wifren wresogi. Yna mae'r egni gwres sy'n cael ei gynhyrchu o'r trydan yn cael ei drosglwyddo i'r amgylchoedd, gan wresogi'r aer. Y mwyaf yw'r cerrynt, y mwyaf o wres sy'n cael ei golli.

Mae'r Grid Cenedlaethol wedi'i gynllunio i sicrhau bod cyn lleied â phosibl o egni'n cael ei golli fel gwres pan fydd trydan yn llifo i lawr y llinellau pŵer. Mae'r trydan sy'n cael ei gynhyrchu mewn gorsafoedd trydan yn cael ei newid gan newidyddion codi i folteddau uchel iawn (fel arfer 400 000 V, 275 000 V neu 132 000 V) ond â cherrynt isel – felly mae'r egni sy'n cael ei golli fel gwres yn y llinellau pŵer yn fach iawn. (Dim ond tua 1 y cant o gyfanswm yr egni sy'n cael ei drawsyrru sy'n cael ei golli fel hyn.)

Byddai folteddau uchel yn beryglus iawn os bydden nhw'n cael eu defnyddio mewn cartrefi a swyddfeydd. Felly mae newidyddion gostwng yn newid y trydan i foltedd is a cherrynt uwch ar gyfer y defnyddwyr.

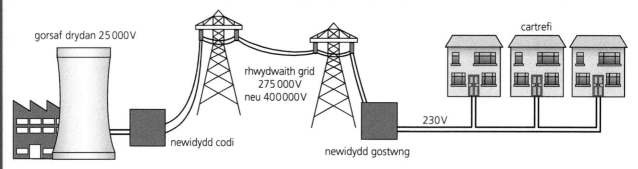

**Ffigur 2.3 System drawsyrru'r Grid Cenedlaethol.**

# Pŵer trydanol

Mae pŵer trydanol yn mesur ar ba gyfradd mae egni trydanol yn gallu cael ei drawsnewid i ffurfiau defnyddiol eraill ar egni. Mae pŵer trydanol yn cael ei gyfrifo drwy ddefnyddio'r hafaliad:

pŵer trydanol = foltedd × cerrynt

$$P = VI$$

Yn y mwyafrif o gartrefi'r DU, mae foltedd y prif gyflenwad, $V = 230$ V.

---

**Enghraifft**

Mae sychwr gwallt sy'n gweithio ar y prif gyflenwad yn tynnu cerrynt o 5.5 A. Cyfrifwch bŵer y sychwr gwallt.

Ateb

Foltedd y prif gyflenwad = 230 V

Cerrynt y sychwr gwallt = 5.5 A

$$P = VI$$

pŵer = 230 × 5.5 = 1265 W

---

**Cyngor**

Pan fydd gofyn i chi wneud cyfrifiadau sy'n ymwneud ag unedau â rhagddodiaid (fel kV neu MW) gwnewch yn siŵr eich bod yn trosi'r rhifau yn ôl i rifau bôn yn ofalus. Er enghraifft, 400 kV = 400 000 V a 100 MW = 100 000 000 W.

5 Nodwch y trosglwyddiadau egni defnyddiol mewn gorsaf drydan sy'n cael ei phweru gan danwydd ffosil.

6 Rhowch ddau reswm pam mae arnon ni angen Grid Cenedlaethol.

7 Pam mae trydan yn cael ei drosglwyddo o amgylch y Grid Cenedlaethol ar foltedd uchel a cherrynt isel?

8 Cyfrifwch bŵer tegell prif gyflenwad sy'n gweithredu ar foltedd o 230 V a cherrynt o 13 A.

9 Cyfrifwch y cerrynt sy'n llifo drwy dorrwr gwair 2.5 kW sy'n gweithredu ar foltedd prif gyflenwad o 230 V.

Atebion ar dudalen 119

> **Cyngor**
>
> Mae *cyfrifwch* yn golygu bod rhaid i chi gynhyrchu ateb rhifiadol drwy wneud cyfrifiad mathemategol.

## Diagramau Sankey

ADOLYGU

Gallwn ni ddefnyddio diagram Sankey i ddangos y trosglwyddiad egni (neu bŵer) o un ffurf i ffurfiau eraill, ac mae'n dangos y mathau a'r symiau o egni wrth iddyn nhw drawsnewid i ffurfiau gwahanol. Mae diagram Sankey ar gyfer bwlb golau egni-effeithlon i'w weld yn Ffigur 2.4.

Mae diagramau Sankey yn cael eu lluniadu wrth raddfa – mae lled y saeth ar unrhyw adeg yn dangos faint o egni sy'n cael ei drawsnewid. Yr arfer yw ysgrifennu'r math o egni a swm yr egni (neu bŵer) ar y saeth, ac fel arfer mae'r mathau defnyddiol o egni i'w gweld ar hyd top y diagram, a'r ffurfiau gwastraff yn troi tuag i lawr. Nid yn unig mae diagramau Sankey yn rhoi ffordd dda i ni ddangos trosglwyddiadau egni (a phŵer) gan ddyfais neu yn ystod proses, ond mae hefyd yn dangos pa mor effeithlon yw'r broses – y mwyaf yw lled saeth yr egni defnyddiol o'i gymharu â lled saeth y mewnbwn, y mwyaf yw'r effeithlonrwydd.

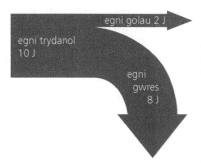

**Ffigur 2.4** Diagram Sankey ar gyfer bwlb golau egni-effeithlon.

## Effeithlonrwydd

ADOLYGU

Mae effeithlonrwydd yn mesur faint o egni (neu bŵer) defnyddiol sy'n dod allan o ddyfais neu broses o'i gymharu â chyfanswm yr egni (neu bŵer) sy'n mynd i mewn i ddyfais neu broses. Fel arfer, mae effeithlonrwydd yn cael ei fynegi fel canran gan ddefnyddio'r hafaliad:

$$\% \text{ effeithlonrwydd} = \frac{\text{egni (neu bŵer) sy'n cael ei drosglwyddo mewn ffordd ddefnyddiol}}{\text{Cyfanswm egni mewnbwn (neu bŵer)}} \times 100$$

> **Enghraifft**
>
> Gallwn ni gyfrifo effeithlonrwydd bwlb golau sy'n arbed egni drwy ddefnyddio data o'r diagram Sankey yn Ffigur 2.4. Cyfanswm yr egni mewnbwn (fel trydan) yw 10 J. Yr egni allbwn defnyddiol (fel golau) yw 2 J.
>
> **Ateb**
>
> $$\% \text{ effeithlonrwydd} = \frac{\text{egni (neu bŵer) sy'n cael ei drosglwyddo mewn ffordd ddefnyddiol}}{\text{Cyfanswm egni mewnbwn}} \times 100$$
>
> $$= \frac{2}{10} \times 100 = 20\,\%$$

> **Cyngor**
>
> Does dim disgwyl i fyfyrwyr Haen sylfaenol ad-drefnu hafaliadau – ond efallai bydd angen i chi newid rhifau sydd ag unedau wedi'u rhagddodi, er enghraifft kW, yn ôl i unedau bôn, fel W.

## Pam mae effeithlonrwydd egni'n bwysig?

Mae dyfeisiau sy'n arbed egni yn bwysig iawn ar gyfer y dyfodol. Y mwyaf effeithlon yw dyfais, y mwyaf o'r mewnbwn egni sy'n troi'n egni allbwn defnyddiol a does dim cymaint o wastraff. Ar y gorau, mae gorsafoedd trydan confensiynol sy'n cael eu pweru gan danwyddau ffosil yn 33 y cant effeithlon. Mae hyn yn golygu, am bob 100 tunnell fetrig o lo neu olew sy'n cael eu defnyddio, dim ond tua 33 tunnell fetrig sy'n cael ei droi'n uniongyrchol yn drydan defnyddiol. Yn y bôn, mae gweddill y glo neu'r olew'n cynhesu'r atmosffer ac yn cynhyrchu nwy carbon deuocsid diangen. Mae tyrbinau gwynt tua 50 y cant effeithlon a phaneli solar tua 30 y cant effeithlon. Yn gyffredinol, dim ond 2–3 y cant effeithlon yw bylbiau golau ffilament twngsten arferol; mae bylbiau 'egni isel' tua 20 y cant effeithlon ond gall bylbiau LED fod hyd at 90 y cant effeithlon. Dychmygwch beth fyddai'r effaith ar ddefnydd trydan pe bai pob bwlb golau yn y DU yn cael ei newid am fwlb LED.

## Cyngor

Byddwch chi'n gweld dau fath o gwestiwn sy'n seiliedig ar hafaliadau yn yr arholiad. Efallai byddwch chi'n cael hafaliad ac yna'n gorfod dewis y data cywir o'r cwestiwn i'w defnyddio yn yr hafaliad; neu byddwch chi'n cael y data cywir a bydd gofyn i chi ddewis yr hafaliad cywir o'r rhestr ar flaen y papur arholiad.

Yn y papur Haen Uwch, efallai bydd angen i chi hefyd ad-drefnu'r hafaliad fel rhan o'ch ateb.

## Profi eich hun

PROFI

10 Lluniadwch ddiagram Sankey ar gyfer gorsaf drydan sy'n cael ei phweru gan nwy ac sydd ag allbwn o 400 MW, lle mae 1000 MW o egni cemegol yn cael ei fewnbynnu o'r nwy.

11 Cyfrifwch effeithlonrwydd yr orsaf drydan sy'n cael ei phweru gan nwy yng Nghwestiwn 10.

12 Mae bwlb golau LED 18 W yn 90 y cant effeithlon. Cyfrifwch yr allbwn pŵer fel golau.

Atebion ar dudalen 119

## Crynodeb

- Mae trydan yn ffurf ddefnyddiol iawn ar egni gan ei fod yn hawdd ei gynhyrchu ac yn hawdd ei drosglwyddo'n fathau defnyddiol eraill o egni.
- Mae gan orsafoedd trydan (adnewyddadwy, anadnewyddadwy a niwclear) gostau comisiynu, costau cynnal (gan gynnwys tanwydd) a chostau datgomisiynu arwyddocaol ond gwahanol iawn. Mae angen ystyried y rhain wrth gynllunio strategaeth egni genedlaethol.
- Mae manteision ac anfanteision gwahanol i gynhyrchu pŵer ar raddfa fawr mewn gorsafoedd trydan ac i ficrogynhyrchu gan ddefnyddio technolegau adnewyddadwy, e.e. gan ddefnyddio tyrbinau gwynt domestig a chelloedd ffotofoltaidd ar doeon adeiladau. Mae ganddyn nhw i gyd effeithiau amgylcheddol gwahanol iawn.
- Mae'n bosibl defnyddio data i fesur effeithlonrwydd a phŵer allbwn gorsafoedd trydan ac egni adnewyddadwy.
- Mewn gorsaf drydan sy'n cael ei phweru gan danwydd, cynhyrchir trydan gan y tanwydd sy'n llosgi, gan gynhyrchu egni thermol sy'n berwi dŵr i gynhyrchu ager. Mae'r ager symudol yn troi tyrbin, wedi'i gysylltu â generadur, sy'n cynhyrchu'r egni trydanol.

- Gallwn ni ddefnyddio diagramau Sankey i ddangos trosglwyddiadau egni.
- Gallwn ni gyfrifo effeithlonrwydd trosglwyddiad egni drwy ddefnyddio'r hafaliad:

$$\% \text{ effeithlonrwydd} = \frac{\text{egni (neu bŵer) sy'n cael ei drosglwyddo mewn ffordd ddefnyddiol}}{\text{Cyfanswm yr egni mewnbwn (neu bŵer) sy'n cael ei gyflenwi}} \times 100$$

- Mae angen system genedlaethol i ddosbarthu trydan (y Grid Cenedlaethol), er mwyn cynnal cyflenwad trydan dibynadwy sy'n gallu ymateb i alw newidiol.
- Mae'r Grid Cenedlaethol yn cynnwys gorsafoedd trydan, is-orsafoedd a llinellau pŵer.
- Caiff trydan ei drawsyrru ar draws y wlad ar folteddau uchel gan fod hynny'n fwy effeithlon, ond rydyn ni'n defnyddio folteddau isel yn ein cartrefi gan fod hynny'n fwy diogel.
- Mae angen newidyddion i newid y foltedd a'r cerrynt yn y Grid Cenedlaethol.
- Mae'n bosibl cynnal arbrawf i ymchwilio i sut mae newidyddion codi a gostwng yn gweithredu, yn nhermau'r foltedd mewnbwn ac allbwn, y cerrynt a'r pŵer.
- pŵer = foltedd × cerrynt; $P = VI$

Atebion i'r cwestiynau enghreifftiol: **www.hoddereducation.co.uk/fynodiadauadolygu**

# Cwestiynau enghreifftiol

1 Astudiwch Ffigur 2.1 sy'n dangos cyfrannau'r trydan sy'n cael ei gynhyrchu gan danwyddau gwahanol. Cyfrifwch y ganran o drydan y DU sy'n cael ei chynhyrchu gan danwyddau ffosil a phŵer niwclear wedi eu cyfuno â'i gilydd. [1]

2 Trafodwch y ffactorau sy'n llywio penderfyniadau ynghylch y math o orsaf drydan fasnachol a allai gael ei hadeiladu mewn ardal. [3]

TGAU Ffiseg CBAC P1 Haen Uwch Haf 2010 C5(a)

3 Fel arfer, mae gorsafoedd trydan mawr sy'n llosgi glo yn cael eu hadeiladu gerllaw llynnoedd neu afonydd ac yn agos at draffyrdd a phrif linellau rheilffyrdd. Awgrymwch pam mae gorsafoedd trydan glo:
   (a) angen cysylltiadau ffyrdd a rheilffyrdd da [1]
   (b) yn cael eu hadeiladu gerllaw ffynhonnell o ddŵr. [1]

TGAU Ffiseg CBAC P1 Haen Uwch Ionawr 2009 C4(b)

4 Os ydych chi'n byw ar arfordir Prydain, gallai'r ardal fod yn ddelfrydol ar gyfer adeiladu gorsaf drydan yn . Y dewis yw adeiladu atomfa neu orsaf drydan sy'n llosgi glo.
   (a) Mae pobl yn aml yn dadlau yn erbyn gorsaf drydan oherwydd ei golwg. Ysgrifennwch baragraff yn disgrifio tri phwynt arall yn erbyn atomfa. [3]
   (b) Ysgrifennwch baragraff yn disgrifio tri phwynt yn erbyn gorsaf drydan sy'n llosgi glo, ar wahân i'w golwg. [3]

TGAU Ffiseg CBAC P1 Haen Uwch Haf 2008 C6

5 Mae'r tabl yn dangos ychydig o'r wybodaeth mae cynllunwyr yn ei defnyddio i'w helpu i benderfynu ar y math o orsaf bŵer y bydden nhw'n fodlon iddi gael ei hadeiladu.

| | Gwynt | Niwclear |
|---|---|---|
| Cost gyffredinol cynhyrchu trydan (c/kW awr) | 5.4 | 2.8 |
| Pŵer allbwn mwyaf (MW) | 3.5 | 3600 |
| Hyd oes (blynyddoedd) | 15 | 50 |
| Gwastraff sy'n cael ei gynhyrchu | Dim | Sylweddau ymbelydrol, rhai yn dal yn beryglus am filoedd o flynyddoedd |
| Ôl troed carbon yn ystod ei oes (g o $CO_2$/kW awr) | 4.64 (ar y tir) 5.25 (alltraeth) | 5 |

(a) Rhowch un rheswm pam nad yw'r wybodaeth yn y tabl yn cytuno â'r syniad y bydd pŵer gwynt yn ddull rhatach o gynhyrchu trydan. [1]
(b) Mae cefnogwyr pŵer gwynt yn dadlau y bydd yn lleihau cynhesu byd-eang yn fwy na phŵer niwclear. Esboniwch a yw'r wybodaeth yn y tabl yn cefnogi hyn ai peidio. [2]
(c) Mae cefnogwyr pŵer niwclear yn dadlau y bydd yn cwrdd â galw am fwy o drydan yn y dyfodol, yn wahanol i bŵer gwynt. Rhowch ddwy ffordd y mae'r wybodaeth yn y tabl yn cefnogi hyn. [2]

TGAU Ffiseg CBAC P1 Haen Uwch Ionawr 2010 C2

6 Mae Ffigur 2.5 yn dangos rhan o'r Grid Cenedlaethol. Mae trydan yn cael ei gynhyrchu yng ngorsaf drydan A.

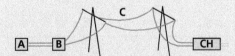

Ffigur 2.5

(a) Defnyddiwch y geiriau isod i gopïo a chwblhau'r brawddegau sy'n dilyn. Gallwch ddefnyddio pob gair unwaith, fwy nag unwaith neu ddim o gwbl.

   newidydd    peilon    generadur    pŵer    cerrynt

   (i) Yn B, mae _____ yn cynyddu'r foltedd. [1]
   (ii) Mae trydan yn cael ei anfon ar foltedd uchel ar hyd C, fel bod y _____ yn llai. [1]
   (iii) Yn CH, mae'r foltedd yn cael ei leihau drwy ddefnyddio _____. [1]
(b) Esboniwch pam mae'r trydan yn cael ei godi yn B, ond ei ostwng yn CH. [3]

→

(c) Gallwch dybio bod trydan yn cael ei drawsyrru ar hyd ceblau C ar bŵer o 100 MW a foltedd o 400 kV. Defnyddiwch yr hafaliad: pŵer = foltedd × cerrynt i gyfrifo'r cerrynt yn y ceblau. [3]

TGAU Ffiseg CBAC P1 Haen Sylfaenol Ionawr 2010 C7

---

### Cyngor

Darllenwch y cyfarwyddiadau mewn cwestiynau yn ofalus. Nodwch y gallwch chi, yng Nghwestiwn 6 (a), ddefnyddio unrhyw air o'r rhestr fwy nag unwaith a does dim rhaid defnyddio rhai geiriau o gwbl.

---

7  Mae Ffigur 2.6 yn dangos rhan o'r Grid Cenedlaethol.

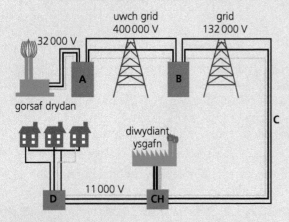

Ffigur 2.6

(a) Ar ba bwynt, A, B, C, CH neu D, byddech chi'n gweld newidydd codi? [1]
(b) Beth yw'r foltedd ar bwynt C? [1]
(c) Ble mae'r foltedd yn cael ei ostwng i 230 V; rhowch lythyren A, B, C, CH neu D? [1]
(ch) Dewiswch y llythyren gywir. Mae foltedd uchel yn cael ei ddefnyddio yn y Grid Cenedlaethol fel bod yr egni trydanol sy'n cael ei golli yn y ceblau yn:
   A  sero
   B  bach
   C  mawr. [1]

TGAU Ffiseg CBAC P1 Haen Sylfaenol Ionawr 2011 C5

8  Mae'n bosibl berwi dŵr drwy ddefnyddio sosban ar alch (cooker ring) nwy. Mae'r egni sy'n cael ei drosglwyddo i'w weld yn Ffigur 2.7.

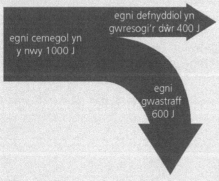

Ffigur 2.7

(a) Ysgrifennwch a defnyddiwch hafaliad i ddarganfod effeithlonrwydd gwresogi dŵr fel hyn. [3]
(b) Mae tegell trydanol yn 90 y cant effeithlon wrth ferwi dŵr. Copïwch a chwblhewch y diagram trosglwyddiad egni yn Ffigur 2.8. Dydy'r diagram ddim wrth raddfa. [2]

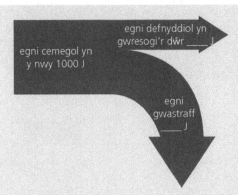

egni defnyddiol yn gwresogi'r dŵr _____ J

egni cemegol yn y nwy 1000 J

egni gwastraff _____ J

**Ffigur 2.8**

TGAU Ffiseg CBAC P1 Haen Uwch Haf 2010 C3

9 Mae'r tabl yn dangos sut mae egni'n cael ei ddefnyddio mewn gorsaf drydan sy'n llosgi glo. Ysgrifennwch, mewn geiriau, hafaliad addas a'i ddefnyddio i gyfrifo effeithlonrwydd yr orsaf drydan. [3]

| Egni mewnbwn am bob eiliad | Egni allbwn am bob eiliad |
| --- | --- |
| 6000 MJ | Mae 3350 MJ o egni'n cael ei gymryd i ffwrdd fel gwres yn y dŵr sy'n cael ei ddefnyddio i oeri |
| | Mae 2100 MJ o egni'n cael ei fwydo i mewn i'r Grid Cenedlaethol |
| | Mae 550 MJ o egni'n cael ei roi allan yn y nwyon sy'n cael eu rhyddhau yn ystod llosgi |

TGAU Ffiseg CBAC P1 Haen Uwch Ionawr 2009 C4(a)

**Atebion ar y wefan**

GWEFAN

# 3 Defnyddio egni

## Dargludiad, darfudiad a phelydriad

Rydyn ni'n gwresogi cartrefi drwy drawsnewid ffynonellau egni fel trydan neu nwy i mewn i wres gan ddefnyddio dyfeisiau fel tanau trydan neu reiddiaduron dŵr poeth. Bydd egni thermol (gwres) yn symud o rywle poeth (lle mae'r tymheredd yn uwch) i rywle oer (lle mae'r tymheredd yn is). Mae'n gwneud hyn drwy ddargludiad, darfudiad neu belydriad.

### Dargludiad

Dargludiad yw trosglwyddiad egni o boeth i oer wrth i ronynnau y tu mewn i solidau a hylifau ddirgrynu y naill ar ôl y llall. Mae defnyddiau fel metelau yn ddargludyddion thermol da iawn gan fod ganddyn nhw electronau symudol rhydd o fewn eu hadeiledd. Ynysyddion yw'r enw ar ddefnyddiau sydd ddim yn dargludo egni thermol yn dda iawn – mae llawer o anfetelau yn ynysyddion da.

### Darfudiad

Mae darfudiad yn digwydd pan fydd hylifau a nwyon yn symud. Pan mae nwy (neu hylif) yn cael ei wresogi, mae'r gronynnau'n symud yn gyflymach. Wrth i'r gronynnau gyflymu, maen nhw'n mynd yn bellach oddi wrth ei gilydd, gan gynyddu cyfaint y nwy. Mae hyn yn gwneud i ddwysedd y nwy leihau. Mae nwy llai dwys yn arnofio (neu'n codi) uwchben nwy mwy dwys. Wrth i'r nwy godi, mae'n oeri eto, ac mae'r gronynnau'n arafu. Mae'r gronynnau'n mynd yn agosach at ei gilydd, sy'n cynyddu dwysedd y nwy ac yn achosi iddyn nhw ddisgyn. Mae hyn yn creu cerrynt darfudiad sy'n gallu gwresogi ystafell. Mae gwahaniaethau tymheredd o fewn mantell y Ddaear ac o fewn yr atmosffer yn achosi ceryntau darfudiad naturiol.

### Pelydriad

Mae pelydriad thermol yn cael ei allyrru gan wrthrychau poeth. Mae rheiddiadur dŵr poeth yn allyrru pelydriad electromagnetig isgoch. Mae gwrthrychau du, pŵl yn allyrwyr da, ac yn dda am amsugno pelydriad thermol. Mae gwrthrychau golau, sgleiniog yn adlewyrchu pelydriad thermol yn dda. Mae pob gwrthrych yn allyrru pelydriad thermol, ond yr uchaf yw tymheredd y gwrthrych, y mwyaf o belydriad thermol sy'n cael ei allyrru.

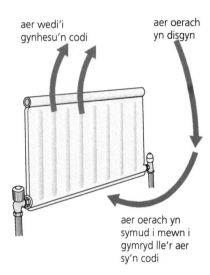

aer wedi'i gynhesu'n codi

aer oerach yn disgyn

aer oerach yn symud i mewn i gymryd lle'r aer sy'n codi

**Ffigur 3.1** Mae ceryntau darfudiad yn trosglwyddo gwres o'r rheiddiadur i'r ystafell.

## Cymhwyso dwysedd

Gallwn ni ddefnyddio'r hafaliad canlynol i gyfrifo dwysedd defnydd:

$$\text{dwysedd} = \frac{\text{màs}}{\text{cyfaint}}$$

Mae dwyseddau solidau yn uchel gan fod y gronynnau y tu mewn iddyn nhw fel arfer wedi eu pacio'n agos at ei gilydd mewn siâp rheolaidd. Mae gan hylifau ddwyseddau cymharol uchel (ond yn llai na'r solid cyfatebol) gan fod y gronynnau'n dal i fod wedi eu pacio'n agos (ond yn rhydd i symud dros ei gilydd). Mae dwyseddau nwyon yn isel gan fod y gronynnau'n bell oddi wrth ei gilydd.

Mae dwysedd yn bwysig wrth feddwl am gynhyrchu egni o sawl ffynhonnell adnewyddadwy, e.e. egni gwynt.

**Defnyddio egni gwynt**

Os yw:
- arwynebedd llafnau'r tyrbin yn 25 m²
- buanedd uchaf y gwynt yn 12 m/s
- dwysedd (yr aer) = $\dfrac{\text{màs (yr aer)}}{\text{cyfaint (yr aer)}}$ = 1.2 kg/m³

Yna mae:

cyfaint yr aer sy'n symud drwy lafnau'r tyrbin bob eiliad =

  buanedd × arwynebedd = 12 m/s × 25 m² = 300 m³

màs yr aer sy'n symud drwy'r tyrbin bob eiliad =

  dwysedd × cyfaint = 1.2 kg/m³ × 300 m³ = 360 kg

egni cinetig y gwynt sy'n symud drwy'r tyrbin bob eiliad =

  $EC = \dfrac{1}{2}mv^2 = 0.5 × 360 × 12^2 = 25\,920\,J$

Ac os yw pŵer mewnbwn y gwynt yn 25 920 W ac effeithlonrwydd y tyrbin yn 25 y cant, yna mae pŵer allbwn y tyrbin =

  $25\,920\,W × \dfrac{25}{100} = 6480\,W = 6.48\,kW$

## Profi eich hun

1 Esboniwch sut gallai egni thermol gael ei drosglwyddo o lamp ddesg.
2 Esboniwch pam mae metelau mor dda am ddargludo egni thermol.
3 Cyfrifwch ddwysedd bloc 6 m³ o goncrit sydd â màs o 14 400 kg.
4 Cyfrifwch beth yw màs y dŵr sy'n symud drwy dyrbin dŵr bob eiliad os yw 0.5 m³ yn pasio drwyddo bob eiliad a bod dwysedd dŵr yn 1000 kg/m³.

Atebion ar dudalen 119

## Ynysiad

Mae'n bosibl lleihau faint o egni thermol sy'n dianc o dŷ drwy ddefnyddio systemau ynysu domestig sy'n gweithio drwy leihau effeithiau **dargludiad thermol**, darfudiad a phelydriad. Mae'r tabl yn crynhoi'r prif systemau y gellir eu gosod.

> **Dargludiad thermol** yw llif egni gwres drwy ddefnydd. Mae dargludedd metelau'n uchel iawn. Mae dargludedd brics a gwydr yn is, ond mae egni'n dal i lifo drwyddyn nhw'n ddigon cyflym i oeri tŷ ar ddiwrnod oer.

Mae'r hafaliad canlynol yn rhoi'r amser talu yn ôl ar gyfer system wresogi neu ynysu:

  amser talu yn ôl = $\dfrac{\text{cost gosod}}{\text{arbedion y flwyddyn}}$

| System ynysu | Sut mae'n gweithio | Costau gosod arferol | Arbedion blynyddol arferol | Amser talu yn ôl (blynyddoedd) |
|---|---|---|---|---|
| Atal drafftiau | Mae rhimynnau atal drafftiau a stribedi atal drafftiau'n cael eu gosod, gan leihau darfudiad aer poeth drwy'r bylchau o dan y drysau ac yn fframiau ffenestri. | £50 | £50 | 1 |
| Ynysiad wal geudod | Mae'n llenwi'r bylchau rhwng y waliau brics dwbl gydag ewyn. Mae'r ewyn yn dal aer, sy'n ddargludydd gwael ac mae'n rhwystro'r aer rhag cylchredeg o fewn y ceudod, gan leihau'r golled gwres drwy ddarfudiad. | £250 | £110 | 2.3 |
| Ynysu lloriau | Mae gwlân mwynol yn cael ei osod rhwng y trawstiau o dan estyll y llawr ac mae hylif selio silicon yn cael ei ddefnyddio i selio bylchau rhwng y byrddau sgyrtin ac estyll y llawr. Mae hyn yn lleihau'r golled thermol drwy ddargludiad a darfudiad. | £140 | £70 | 2 |
| Ynysiad llofft | Mae ynysiad gwlân mwynol yn cael ei osod rhwng y trawstiau pren yn y llofft. Mae hyn yn lleihau colled thermol drwy ddargludiad a darfudiad. | £250 | £150 | 1.7 |
| Ffenestri gwydr dwbl | Dwy haen o wydr a bwlch rhyngddyn nhw. Mae'n lleihau colled thermol drwy ddargludiad a darfudiad. | £2000 | £130 | 15.4 |

## Unedau egni – y cilowat-awr

ADOLYGU

Mae gwerthoedd egni yn y cartref fel arfer yn cael eu cymharu mewn unedau sy'n cyfateb i'r **cilowat-awr**, kW awr.

Mae 1 kW awr yn hafal i faint o egni gwres sy'n cael ei gynhyrchu gan dân trydan 1 cilowat (1000 W) mewn un awr (3600 s).

> Uned egni sy'n cael ei defnyddio yng nghyd-destun y cartref yw'r **cilowat-awr**

$1 \text{ kW awr} = 1000 \text{ W} \times 3600 \text{ s} = 3\ 600\ 000 \text{ J}$

## Costau gwresogi a chludiant

ADOLYGU

Mae'n bosibl gwresogi cartrefi drwy ddefnyddio amrywiaeth o danwyddau gwahanol. Mae'r tabl yn crynhoi rhai o'r costau dan sylw.

| Tanwydd | Pris y tanwydd (c am bob uned) | Uned | Cost am bob kW awr o danwydd (c) | Cynnwys egni (kW awr am bob uned) | Allyriadau $CO_2$ am bob kW awr |
|---|---|---|---|---|---|
| Trydan | 16.8 | kW awr | 16.8 | 1.0 | 0.5 |
| Nwy | 4.7 | kW awr | 5.2 | 1.0 | 0.2 |
| Olew | 54.1 | litr | 5.8 | 10.4 | 0.3 |
| LPG (nwy propan hylif) | 36.7 | litr | 6.1 | 6.7 | 0.2 |
| Bwtan | 137.0 | litr | 19.1 | 8.0 | 0.2 |
| Propan | 74.2 | litr | 11.7 | 7.1 | 0.2 |
| Pren | 20.8 | kg | 5.8 | 4.2 | 0.03 |
| Glo | 30.0 | kg | 5.8 | 6.9 | 0.4 |

Mae'r costau sy'n gysylltiedig â chludiant yn eithaf amrywiol, gan eu bod yn dibynnu'n fawr ar brisiau egni cyfanwerthol y byd. Dyma dabl cymharu syml i gymharu tri amrywiad ar y car Renault Clio/Zoe; un diesel, un petrol a'r Zoe trydanol.

| Car (tanwydd) | Cost i'w brynu | Treth ffordd | Allyriadau $CO_2$ (g/km) | Cost gyfartalog tanwydd bob blwyddyn |
|---|---|---|---|---|
| Renault Clio Expression+ TCe ECO (petrol) | £13 245 | £120 | 99 | £1028 |
| Renault Clio Expression+ dCi ECO (diesel) | £14 345 | £100 | 83 | £740 |
| Renault Zoe Expression (trydan) | £13 650 | Sero | Sero | £1006 (gan gynnwys rhentu batri) |

## Profi eich hun

PROFI

5 Pa broses trosglwyddo egni thermol sy'n cael ei lleihau drwy osod rhimynnau drafft?
6 Mae tŷ'n cael ei wresogi gyda 54 MJ o egni thermol. Cyfrifwch sawl kWawr o egni thermol sy'n cael ei ddefnyddio.
7 Mae adeiladwr yn ymchwilio i ba danwydd fyddai'r gorau ar gyfer tŷ sy'n cael ei adeiladu o'r newydd. Defnyddiwch y tabl data ar dudalen 20 i benderfynu pa danwydd fyddai'n rhoi'r costau rhedeg rhataf.
8 Mae'r adeiladwr yng Nghwestiwn 7 eisiau gosod ynysiad wal geudod yn y tŷ newydd. Bydd yr ynysiad yn costio £350 i'w osod ac mae gwneuthurwr yr ynysiad wedi dyfynnu amser talu yn ôl o 2.5 flynedd. Cyfrifwch arbedion blynyddol nodweddiadol y system hon.

Atebion ar dudalen 119

## Crynodeb

- Mae gwahaniaethau tymheredd yn arwain at drosglwyddo egni'n thermol drwy ddargludiad, darfudiad a phelydriad.
- Mae dwysedd gwrthrych yn cael ei roi gan yr hafaliad:

$$\text{dwysedd} = \frac{\text{màs}}{\text{cyfaint}}$$

- Mae dwyseddau gwahanol i'w gweld rhwng y tri chyflwr mater, gan fod yr atomau neu'r moleciwlau wedi eu trefnu'n wahanol.
- Mae dargludiad thermol yn digwydd o ardaloedd poeth i oer mewn solidau a hylifau o ganlyniad i ddirgryniadau'n cael eu pasio o ronyn i ronyn. Mae metelau'n ddargludyddion egni thermol da iawn gan fod ganddyn nhw electronau symudol o fewn eu hadeiledd.
- Mae darfudiad thermol yn digwydd mewn hylifau a nwyon. Mae gronynnau poeth yn symud yn gyflymach, yn mynd ymhellach oddi wrth ei gilydd, yn cynyddu cyfaint y defnydd ac yn lleihau ei ddwysedd. Mae hyn yn gwneud i'r gronynnau poethach arnofio uwchben y defnydd oerach, mwy dwys, gan ffurfio cerrynt darfudiad.
- Mae'n bosibl cyfyngu ar faint o egni sy'n cael ei golli o gartrefi drwy ddefnyddio systemau fel: ynysiad llofft, ffenestri gwydr dwbl, ynysiad wal geudod a rhimynnau drafft.
- Gallwn ni gymharu effeithiolrwydd cost ac effeithlonrwydd dulliau gwahanol o leihau colled egni o'r cartref er mwyn profi eu heffeithiolrwydd. Gall hyn gynnwys cyfrifo'r amser talu yn ôl a'r materion economaidd ac amgylcheddol sy'n ymwneud â rheoli faint o egni sy'n cael ei golli.
- Gallwn ni ddefnyddio data i ymchwilio i'r gost o ddefnyddio amrywiaeth o ffynonellau egni ar gyfer gwresogi a chludiant.

# Cwestiynau enghreifftiol

1 Penderfynodd perchennog tŷ leihau ei fil gwresogi drwy wella ynysiad y tŷ. Mae'r tabl isod yn dangos cost y gwelliannau a gafodd eu gwneud a'r arbedion blynyddol.

| Dull ynysu | Cost | Arbediad blynyddol |
|---|---|---|
| Atal drafftiau drwy ddrysau a ffenestri | £80 | £30 |
| Gosod siaced ar y tanc dŵr poeth | £20 | £20 |
| Ynysiad wal geudod | £1100 | £50 |
| Ynysiad llofft | £400 | (i) |
| Cyfanswm | (ii) | £200 |

(a) Copïwch a chwblhewch y tabl drwy roi gwerthoedd ar gyfer (i) a (ii). [2]

(b) Cyn ei ynysu, roedd perchennog y tŷ'n gwario £1200 bob blwyddyn ar wresogi ei dŷ. Faint dylai ef ddisgwyl ei wario bob blwyddyn ar ôl y gwelliannau? [1]

(c) Rhowch reswm pam mae ynysiad wal geudod yn lleihau faint o wres sy'n cael ei golli drwy ddarfudiad. [1]

TGAU Ffiseg CBAC P1 Haen Sylfaenol Haf 2010 C4

2 (a) Nodwch sut mae ffenestri gwydr dwbl yn lleihau faint o wres sy'n cael ei golli drwy ffenestri tŷ. [2]

(b) Mae'r graff yn Ffigur 3.2 yn dangos canlyniadau ymchwiliad i weld sut mae lled y bwlch aer rhwng y ddau ddarn o wydr yn effeithio ar gyfradd yr egni sy'n cael ei golli drwy ffenestr gwydr dwbl. Defnyddiodd yr ymchwiliad ffenestr ag arwynebedd o 1 m² gyda gwahaniaeth tymheredd o 20°C rhwng y tu mewn a'r tu allan.

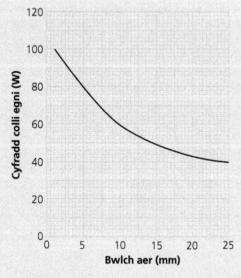

**Ffigur 3.2**

(i) Defnyddiwch y graff i amcangyfrif cyfradd y golled egni ar gyfer bwlch aer o 0 mm, ac esboniwch sut cawsoch chi eich ateb. [2]

Mae *esboniwch* yn golygu bod rhaid i chi ddefnyddio rhyw ffurf ar resymu wrth ddwyn damcaniaeth i gof. Mae *cyfrifwch* yn golygu bod rhaid i chi roi ateb rhifiadol.

   (ii) Rhowch ddau reswm pam mae'r rhan fwyaf o wneuthurwyr ffenestri gwydr dwbl yn annhebygol o ddefnyddio bwlch aer sy'n fwy na 20 mm. [2]

TGAU Ffiseg CBAC P1 Haen Uwch Haf 2009 C4

3 Mae tyrbin dŵr wedi'i leoli mewn afon sy'n llifo ar 2 m/s. Dwysedd y dŵr yw 1000 kg/m³ ac mae 0.15 m³ o ddŵr yn pasio drwy'r tyrbin bob eiliad.

(a) Cyfrifwch fàs y dŵr sy'n llifo drwy'r tyrbin bob eiliad. [2]

(b) Mae'r tyrbin dŵr yn cynhyrchu allbwn trydanol o 48 W. Mae'r dŵr yn mewnbynnu 120 W o egni cinetig. Cyfrifwch effeithlonrwydd y tyrbin dŵr. [1]

4 Mae perchennog tŷ yn prynu nwy ar gyfer gwresogi a choginio, a thrydan ar gyfer goleuo a gweithio dyfeisiau trydanol. Mae'r tabl yn dangos gwybodaeth am sut mae'r perchennog yn defnyddio egni a beth yw cyfanswm y gost bob blwyddyn.

| Blwyddyn | Unedau o drydan (kW awr) | Unedau o nwy (kW awr) | Cyfanswm yr unedau o egni (kW awr) | Cyfanswm y gost (£) |
|---|---|---|---|---|
| Ion 1– Rhag 31 2015 | 4309 | 36958 | 41267 | 866.62 |
| Ion 1–Rhag 31 2016 | 4540 | 33446 | 37986 | 949.65 |

(a) Defnyddiwch y data o'r tabl i ddarganfod cost gyffredinol 1 uned (kW awr) o egni yn 2016. [3]

Cofiwch wirio eich cyfrifiadau mewn arholiad bob amser i wneud yn siŵr nad ydych chi wedi gwneud camgymeriad, er enghraifft drwy roi'r rhifau anghywir yn eich cyfrifiannell.

(b) Ar Ionawr 1af 2016, ffitiodd y perchennog banel solar, ar gost o £2000, i ddarparu dŵr poeth ar gyfer gwresogi.

   (i) Defnyddiwch ddata o'r tabl i amcangyfrif nifer yr unedau a gafodd eu cynhyrchu gan y panel solar yn 2016. [1]

   (ii) Defnyddiwch yr ateb yn rhan (a) i gyfrifo faint o arian a gafodd ei arbed ar ei fil nwy yn 2016. [1]

   (iii) Cyfrifwch yr amser mae'n ei gymryd i'w arbediad blynyddol ad-dalu cost y panel solar. [2]

   (iv) Rhowch reswm pam gallai'r amser ad-dalu a gafodd ei gyfrifo yn (iii) fod llawer yn llai. [1]

TGAU Ffiseg CBAC P1 Haen Uwch Ionawr 2009 C7

## Atebion ar y wefan

GWEFAN

# 4 Trydan domestig

## Faint mae'n ei gostio i'w redeg?

Mae cost rhedeg dyfais drydanol yn dibynnu ar bŵer trydanol y ddyfais (wedi'i roi mewn kW, lle mae 1 kW = 1000 W) a phris trydan (y gost am bob uned o egni trydanol), ac mae'n cael ei chyfrifo fel hyn:

trosglwyddiad egni = pŵer × amser

neu

$E = P \times t$

Mae cost egni trydan domestig yn cael ei gyfrifo drwy ddefnyddio cilowat-oriau (kW awr) neu 'unedau'. Mae 1 kW awr yn hafal i swm yr egni trydanol sy'n cael ei ddefnyddio gan dân trydan 1 kW safonol mewn 1 awr. Mae unedau egni trydanol yn cael eu cyfrifo drwy ddefnyddio'r hafaliad:

unedau sy'n cael eu defnyddio (kW awr) = pŵer (kW) × amser (awr)

Yna mae cost yr egni trydanol yn cael ei fynegi fel:

cost = unedau sy'n cael eu defnyddio × cost am bob uned

Mae cyfraddiad pŵer dyfais drydanol wedi'i ysgrifennu ar blât sydd ynghlwm â'r ddyfais, ac mae'r rhan fwyaf o ddyfeisiau'r cartref yn y DU yn cael eu gwerthu gyda gwerth band egni (A–G) arnyn nhw, sy'n dweud wrthych chi pa mor effeithlon yw'r ddyfais. Mae hwn naill ai wedi'i ysgrifennu ar y blwch y cafodd y ddyfais ei gwerthu ynddo, neu mae wedi'i roi ynghlwm ar sticer neu ar dag.

> **Cyngor**
>
> Byddwch yn ofalus wrth gyfrifo faint o egni trydanol sy'n cael ei ddefnyddio mewn cilowat-oriau. Rhaid i'r amser fod mewn oriau. Os bydd y cwestiwn yn rhoi amser mewn munudau, rhaid i chi ei drosi i oriau yn gyntaf.

**Ffigur 4.1** Label cyfraddiad effeithlonrwydd egni ar gyfer dyfais drydanol.

## Profi eich hun

1 Mae lamp 200 W yn cael ei gadael ymlaen am 15 munud. Faint o egni trydanol sy'n cael ei drosglwyddo?

2 Mae gwresogydd 2 kW yn cael ei adael ymlaen yn eich ystafell. Rydych chi'n ei droi ymlaen am 6 y bore ac yn anghofio amdano tan 5 yr hwyr. Os yw uned (1 kW awr) yn costio 15c, faint fydd hi wedi ei gostio i adael y gwresogydd ymlaen?

Atebion ar dudalen 119

## c.e. neu c.u.?

ADOLYGU

Gall trydan naill ai fod yn gerrynt union, c.u., lle mae'r cerrynt trydanol yn llifo i un cyfeiriad yn unig, neu gall fod yn c.e., cerrynt eiledol, lle mae'r cerrynt trydanol yn llifo i un cyfeiriad am hanner cylchred, yna i'r cyfeiriad arall am weddill ei gylchred. Gallwn ni ddefnyddio osgilosgop i ddangos y gwahaniaeth rhwng y ddau fath o gerrynt. Mae Ffigur 4.2 yn rhoi olinau enghreifftiol.

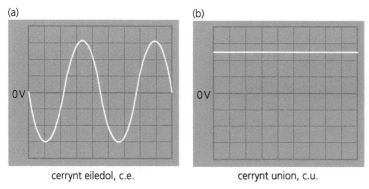

(a) cerrynt eiledol, c.e.    (b) cerrynt union, c.u.

**Ffigur 4.2** Olinau osgilosgop ar gyfer (a) cerrynt eiledol a (b) cerrynt union.

## Defnyddio trydan y prif gyflenwad yn ddiogel

ADOLYGU

Mae trydan domestig yn cael ei gyflenwi i'ch cartref ar 230 V, gydag uchafswm cerrynt o tua 65 A. Mae dosbarthiad y cerrynt trydanol o gwmpas eich cartref yn cael ei reoli gan uned defnyddiwr, sy'n cynnwys y cysylltiad cyflenwi a chyfres o dorwyr cylched sy'n rheoli faint o gerrynt trydan sy'n cael ei gyflenwi i bob cylched unigol o gwmpas y tŷ.

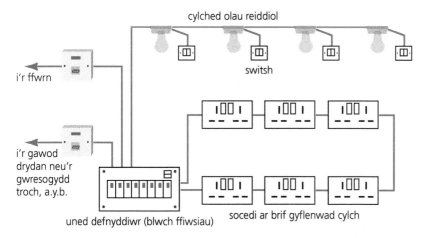

**Ffigur 4.3** System cysylltiad trydan domestig nodweddiadol.

Nid yn unig mae'r uned defnyddiwr yn dosbarthu'r cerrynt trydan o gwmpas y tŷ, mae hefyd yn system ddiogelwch sy'n atal tynnu gormod o gerrynt trydan o'r cyflenwad ac yn diffodd cylched sydd â nam arnyn nhw (cylchedau byr). Cyfres o dorwyr cylched yw unedau defnyddiwr, sy'n cynnwys torwyr cylched bychan (*mcb: mini circuit breakers*) a thorwyr cylched cerrynt gweddilliol (*rccb: residual current circuit breakers*), fel sydd i'w gweld yn Ffigur 4.4.

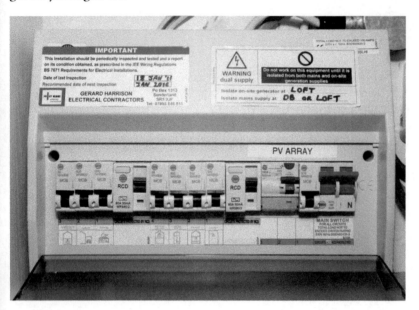

**Ffigur 4.4 Uned defnyddiwr trydan.**

Mae'r switshis *mcb* yn rheoli cylchedau unigol yn y tŷ, fel cylchedau goleuo. Maen nhw'n caniatáu i'r defnyddiwr gynnau a diffodd y cylchedau, ac maen nhw hefyd yn cyfyngu ar faint o gerrynt sy'n cael ei dynnu. Os yw cylched fer yn digwydd, mae'r cerrynt sy'n cael ei dynnu o'r uned defnyddiwr yn codi'n gyflym iawn, yn fwy na chyfraddiad cerrynt yr *mcb*. Bydd hyn yn diffodd y gylched, gan ei hynysu oddi wrth y cyflenwad ac felly'n gwneud y gylched yn ddiogel. Mae switshis *rccb* yn monitro'r gwahaniaeth rhwng y cerrynt sy'n cael ei dynnu o'r uned defnyddiwr a'r cerrynt sy'n dychwelyd iddi. Mae switshis *rccb* yn lleihau'r risg y bydd y bobl yn y tŷ yn cael eu trydanu oherwydd, os bydd rhywun yn cyffwrdd â'r wifren fyw mewn unrhyw ran o'r gylched yn ddamweiniol, bydd y cerrynt sy'n cael ei dynnu o'r uned defnyddiwr yn uwch na'r hyn sy'n dychwelyd i'r uned. Mae hyn yn sbarduno'r *rccb* ac yn torri'r gylched. Gall switshis *mcb* a *rccb* gael eu hailosod.

## Ffiwsiau

Mae ffiwsiau ychydig fel torwyr cylchedau mewn dyfeisiau, yn yr ystyr os bydd y cerrynt yn fwy na chyfraddiad (neu gerrynt uchaf) y ffiws, bydd y wifren y tu mewn i'r ffiws yn gwresogi'n gyflym ac yn ymdoddi, gan ddatgysylltu'r ddyfais oddi wrth y cyflenwad. Mae ffiwsiau'n cael eu gosod ar wifren fyw y plwg ac maen nhw'n atal gormod o gerrynt rhag llifo drwy'r ddyfais – gallai hyn achosi tân. Yn wahanol i switshis *mcb*, dydy hi ddim yn bosibl ailosod ffiwsiau cetris safonol; rhaid gosod rhai newydd yn eu lle.

**Ffigur 4.5 Ffiws 13 A safonol a'i symbol cylched.**

### Cyngor

Mae switshis *mcb* a *rccb* yn ynysu'r cyflenwad trydan. Mae switshis *rccb* yn gweithio'n gyflym iawn, felly maen nhw'n lleihau'r risg o drydaniad.

# Y gylched prif gylch

Y gylched prif gylch yw'r enw ar brif gylched socedi eich tŷ. Dim ond un cebl sydd ei angen i gysylltu'r holl socedi yn y tŷ.

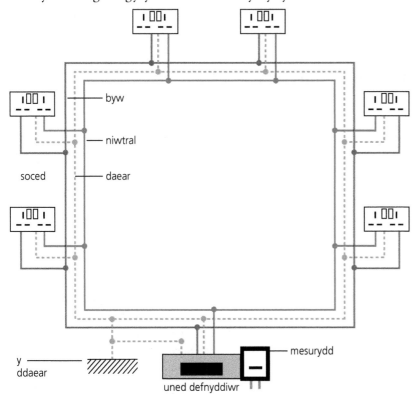

**Ffigur 4.6** Cylched prif gylch ddomestig 20 A.

Mae cebl y prif gylch yn cynnwys tair gwifren: y wifren fyw (lliw brown bob amser), sy'n cludo'r cerrynt o'r uned defnyddiwr i'r socedi; y wifren niwtral (lliw glas bob amser), sy'n dychwelyd y cerrynt i'r uned defnyddiwr; a'r wifren ddaearu (lliw gwyrdd a melyn fel arfer), sy'n gweithredu fel system ddiogelwch ar gyfer y gylched. Mae'r wifren ddaearu yn cysylltu defnydd y soced cyfan â rhoden fetel fawr sydd wedi'i drilio i mewn i'r ddaear ychydig y tu allan i'r tŷ. Os bydd y wifren fyw yn dod yn rhydd ac yn creu cylched fer, bydd y cerrynt trydan yn llifo i lawr y wifren ddaearu yn ddiogel i mewn i'r ddaear, gan leihau'r risg o drydaniad.

## Profi eich hun

3 Cyfrifwch y cerrynt sydd fel arfer yn cael ei dynnu o degell 2.2 kW sy'n gweithio ar y prif gyflenwad, a defnyddiwch y gwerth hwn i benderfynu ar gyfraddiad y ffiws y dylech ei osod ar y plwg.
4 Beth yw'r gwahaniaeth rhwng c.e. a c.u.?
5 Esboniwch sut mae uned defnyddiwr trydan yn cael ei defnyddio fel system ddiogelwch ar gyfer tŷ.
6 Beth yw'r gwahaniaeth rhwng *mcb* a ffiws cetris?

Atebion ar dudalen 120

## Microgynhyrchu trydan domestig

Ystyr microgynhyrchu trydan yw cynhyrchu trydan yn lleol ar raddfa fach ac yn agos at lle mae ei angen. Rhai enghreifftiau o ficrogynhyrchu yw celloedd ffotofoltaidd ar ben toeon a thyrbinau gwynt domestig. Mae sawl mantais a rhai anfanteision dros ddefnyddio microgynhyrchu yn hytrach na dulliau cynhyrchu trydan ar raddfa fawr o orsafoedd trydan.

## Manteision microgynhyrchu

- Ddim yn cynhyrchu carbon deuocsid ac felly ddim yn cyfrannu at yr effaith tŷ gwydr a chynhesu byd-eang.
- Ddim yn cynhyrchu sylffwr deuocsid nac ocsidau nitrogen ac felly ddim yn cyfrannu at law asid.
- Dim costau tanwydd.
- Effeithlonrwydd cynhyrchu uwch.
- Mae'n bosibl gwerthu rhywfaint o'r trydan yn ôl i'r Grid Cenedlaethol (bwydo i mewn).
- Mae celloedd ffotofoltaidd ar ben toeon:
  - yn darparu trydan 'am ddim' yn ystod oriau dydd
  - ar gyfartaledd, yn gallu cynhyrchu 3 kW o drydan (brig).
- Mae tyrbinau gwynt domestig:
  - yn darparu trydan 'am ddim' pan mae'r gwynt yn chwythu
  - ar gyfartaledd, yn gallu cynhyrchu 6 kW o drydan (brig).

## Anfanteision microgynhyrchu

- Cyflenwad egni annibynadwy.
- Gall fod ag amseroedd talu yn ôl hir.
- Ddim yn gallu cynhyrchu symiau mawr o drydan mewn un lle.
- Mae sawl ardal wedi'i chyfyngu o ran y mathau o ficrogynhyrchu mae'n gallu eu defnyddio.
- Mae rhai pobl yn gwrthwynebu effaith weledol tyrbinau gwynt a phaneli solar.
- Gyda chelloedd ffotofoltaidd ar ben toeon:
  - mae ganddyn nhw effaith weledol ar ben toeon
  - mae angen eu gosod dros arwynebedd mawr er mwyn cynhyrchu symiau mawr o egni.
- Mae tyrbinau gwynt domestig:
  - yn achosi effaith weledol
  - yn achosi effaith sŵn
  - yn anaddas ar gyfer y rhan fwyaf o leoedd gan fod angen safle gwyntog, agored ar eu cyfer.

### Cyngor

Mae cwestiwn ysgrifennu estynedig cyffredin yn ymwneud â chymharu systemau microgynhyrchu, fel tyrbinau gwynt a chelloedd ffotofoltaidd ar ben toeon, a dulliau mwy confensiynol o gynhyrchu trydan, fel gorsafoedd trydan sy'n cael eu pweru gan nwy. Cofiwch gymharu manteision ac anfanteision y ddau ddull.

Cofiwch ddefnyddio priflythrennau ac atalnodau llawn yn eich ateb, a sillafu'r geiriau allweddol yn gywir.

## Profi eich hun

PROFI

7 Mae tyrbin gwynt sy'n cael ei osod ar ben to yn costio £3500 i'w osod a bydd yn arbed £700 o gostau trydan bob blwyddyn. Cyfrifwch amser talu yn ôl y tyrbin.

8 Mae tyrbinau gwynt a chelloedd ffotofoltaidd ar ben toeon yn cynhyrchu egni 'am ddim'. Pam mae celloedd ffotofoltaidd yn fwy dibynadwy na thyrbinau gwynt?

Atebion ar dudalen 120

## Crynodeb

- Mae'r cilowat (kW) yn uned bŵer ddefnyddiol sy'n cael ei defnyddio gan ddyfeisiau yn y cartref. Y cilowat-awr (kW awr) yw'r uned egni sy'n cael ei defnyddio gan gwmnïau trydan wrth godi ar eu cwsmeriaid.
- Gallwn ni gyfrifo cost trydan gan ddefnyddio'r hafaliadau:

  unedau sy'n cael eu defnyddio (kW awr) = pŵer (kW) × amser (awr)

  cost = unedau sy'n cael eu defnyddio × cost yr uned

- Gallwn ni ganfod pŵer dyfais yn y cartref naill ai'n uniongyrchol o'r plât sy'n dangos y cyfraddiad pŵer arno neu o'r sticer bandiau egni (A–G).

- Gall ceryntau trydanol naill ai fod yn gerrynt eiledol (c.e.) neu'n gerrynt union (c.u.). Mae ceryntau union yn llifo i un cyfeiriad yn unig, ac mae ceryntau eiledol yn llifo i un cyfeiriad am hanner y gylchred, yna i'r cyfeiriad dirgroes am weddill y gylchred.
- Mae ffiwsiau, torwyr cylched bychan (mcb) a thorwyr cylched cerrynt gweddilliol (rccb) yn ddyfeisiau sy'n cael eu rhoi yng nghylchedau trydanol y prif gyflenwad (ac mewn dyfeisiau) i gyfyngu ar y cerrynt sy'n llifo drwy'r gylched, gan wneud y cylchedau'n fwy diogel. Cyfraddiad ffiws yw'r cerrynt mwyaf posibl a all lifo drwyddo cyn y bydd y wifren arbennig y tu mewn i'r

ffiws yn ymdoddi, gan ddatgysylltu'r gylched. Mae cyfraddiad y ffiws mewn plwg bob amser ychydig yn uwch na cherrynt gweithredol arferol y ddyfais.

- Mae prif gylch domestig yn ffordd o gysylltu'r socedi mewn tŷ. Mae'r wifren fyw'n cludo'r trydan o uned y defnyddiwr, mae'r wifren niwtral yn dychwelyd y trydan yn ôl i uned y defnyddiwr ac mae'r wifren ddaearu yn gweithredu fel system ddiogelwch rhag ofn bod cylched fer.

- Wrth edrych ar effeithiolrwydd cost gosod offer domestig sy'n gweithio ar egni solar ac egni'r gwynt mewn tŷ, rhaid edrych ar gost gosod yr offer a'r arbedion mewn costau tanwydd. Yr amser talu yn ôl yw'r amser (mewn blynyddoedd) mae'n rhaid i'r offer fod wedi eu gosod cyn i'r arbedion ddechrau bod yn uwch na chostau gosod yr offer.

# Cwestiynau enghreifftiol

1 Dyfeisiau diogelwch trydanol yw ffiwsiau a thorwyr cylched a ddefnyddir i ddiogelu cylchedau trydanol yn y cartref.
   (a) Esboniwch sut mae ffiwsiau a thorwyr cylched bychan yn diogelu cylchedau trydanol yn y cartref. [2]
   (b) Nodwch un ffordd y mae torwyr cylched bychan yn fwy effeithiol na ffiwsiau. [1]
   (c) Esboniwch sut mae gweithrediad dyfais cerrynt gweddilliol yn wahanol i dorrwr cylched bychan.[2]

TGAU Ffiseg CBAC P2 Haen Uwch Haf 2007 C6

2 Mae cylchedau a defnyddwyr yn cael eu diogelu gan y nodweddion diogelwch canlynol:
   ffiws      torrwr cylched bychan (mcb)      torrwr cylched cerrynt gweddilliol (rccb)      gwifren ddaearu
   (a) Enwch nodwedd ddiogelwch sy'n atal ceblau rhag mynd yn rhy boeth. [1]
   (b) Enwch nodwedd ddiogelwch sy'n canfod gwahaniaeth yn y cerrynt rhwng y gwifrau byw a'r gwifrau niwtral. [1]
   (c) Enwch nodwedd ddiogelwch a fydd yn gwneud i ffiws chwythu os bydd cerrynt yn llifo drwyddo. [1]
   (ch) Enwch nodwedd ddiogelwch y mae angen ei newid am un newydd ar ôl iddi weithredu. [1]

TGAU Ffiseg CBAC P1 Haen Sylfaenol Haf 2008 C1

3 Mae'r gylched oleuo mewn tŷ wedi'i diogelu gan ffiws 5 A ac wedi'i chysylltu â 230 V. Mae'r tabl yn dangos y cerrynt sy'n cael ei dynnu gan lampau gwahanol.

| Pŵer y lamp (W) | Cerrynt (A) |
|---|---|
| 40 | 0.17 |
| 60 | |
| 100 | 0.43 |

   (a) Defnyddiwch yr hafaliad isod i ganfod y cerrynt drwy lamp 60 W. [1]
   $$\text{cerrynt} = \frac{\text{pŵer}}{\text{foltedd}}$$
   (b) Mae'r gylched yn dangos tair lamp mewn cylched oleuo yn y cartref wedi'u cysylltu â ffiws 5 A. Gallwn ni gyfrifo'r cerrynt drwy'r ffiws drwy adio'r ceryntau sy'n llifo drwy bob un o'r lampau. Defnyddiwch y wybodaeth yn y tabl i ganfod y cerrynt sy'n llifo drwy'r ffiws pan mae pob un o'r lampau hyn ymlaen. [2]
   (c) Darganfyddwch y nifer mwyaf posibl o lampau 100 W y gallech chi eu cysylltu mewn cylched oleuo 5 A yn y cartref. [2]

TGAU Ffiseg CBAC P2 Haen Uwch Ionawr 2008 C1

4 Mae'r tabl yn dangos gwybodaeth am dair dyfais drydanol.

| Dyfais | Pŵer (W) | Pŵer (kW) | Unedau (kW awr) wedi'u defnyddio mewn 1 wythnos |
|---|---|---|---|
| Tegell | 2100 | 2.1 | 5 |
| Ffwrn drydan | | 4.0 | 12 |
| Popty microdon | 900 | 0.9 | 1 |

   (a) (i) Beth yw ystyr 'kW'? [1]
       (ii) Cwblhewch y tabl. [1]
       (iii) Nodwch pa ddyfais sy'n defnyddio'r mwyaf o egni bob eiliad. [1]

(b) Nodwch am faint o oriau mae'r ffwrn drydan yn cael ei defnyddio mewn 1 wythnos. [1]

(c) Mae'r tair dyfais yn cael eu defnyddio am 1 wythnos.

   (i) Cyfrifwch gyfanswm nifer yr unedau sy'n cael eu defnyddio. [1]

   (ii) Os yw 1 uned o drydan yn costio 12c, cyfrifwch y gost o ddefnyddio'r dair dyfais am 1 wythnos. [2]

TGAU Ffiseg CBAC P1 Haen Sylfaenol Ionawr 2011 C7

5 Mae 40% o'r holl egni gwynt yn Ewrop yn chwythu dros y DU, sy'n ei gwneud hi'n wlad ddelfrydol ar gyfer tyrbinau gwynt bach yn y cartref. Mae tyrbinau wedi'u gosod ar y to yn cynhyrchu tua 1 kW i 2 kW, gan ddibynnu ar fuanedd y gwynt. I fod yn effeithiol, mae angen buanedd gwynt cyfartalog sy'n fwy na 5 m/s. Mae systemau gwynt domestig bach yn arbennig o addas i'w defnyddio mewn lleoliadau anghysbell lle nad yw'r cartrefi wedi'u cysylltu â'r Grid Cenedlaethol. £1500 yw cost system wynt wedi'i gosod ar y to. Roedd gwaith monitro diweddar ar amrywiaeth o systemau gwynt domestig bach yn dangos y gallai tyrbin 2 kW sydd wedi'i osod mewn safle da arbed tua £300 y flwyddyn oddi ar filiau trydan.

(a) Pam mae'r DU yn ddelfrydol ar gyfer tyrbinau gwynt bach yn y cartref? [1]

(b) Buanedd cyfartalog y gwynt mewn un dref yw 3.5 m/s. Rhowch reswm pam na fyddai perchnogion tai yn y dref hon yn cael eu cynghori i osod tyrbinau gwynt. [1]

(c) Pam mae tyrbinau gwynt yn ddefnyddiol ar gyfer cyflenwi trydan i ffermydd sydd ar ben bryniau ymhell oddi wrth drefi? [2]

(ch) Cyfrifwch yr amser ad-dalu ar gyfer y tyrbin gwynt wedi'i osod ar ben to sy'n cael ei ddisgrifio yn y darn. [1]

TGAU Ffiseg CBAC P1 Haen Sylfaenol Haf 2010 C5

## Atebion ar y wefan

GWEFAN

# 5 Priodweddau tonnau

## Tonnau ardraws ac arhydol

ADOLYGU

Mae dau fath o don: **tonnau ardraws** (fel tonnau dŵr), lle mae cyfeiriad mudiant y don ar ongl sgwâr i gyfeiriad dirgryniad y don, a **thonnau arhydol** (fel tonnau sain) lle mae cyfeiriad y mudiant i'r un cyfeiriad â chyfeiriad dirgryniad y don. Mae tonnau ardraws yn teithio fel cyfres o frigau a chafnau; mae tonnau arhydol yn teithio fel cywasgiadau a theneuadau. Gall tonnau o'r mathau hyn gael eu harddangos drwy ddefnyddio sbring slinci fel y gwelwch chi yn Ffigur 5.1.

> **Ton ardraws** yw ton lle mae'r dirgryniadau sy'n achosi ton ar ongl sgwâr i gyfeiriad y trosglwyddiad egni.
>
> **Ton arhydol** yw ton lle mae'r dirgryniad sy'n achosi'r don yn baralel i gyfeiriad y trosglwyddiad egni.

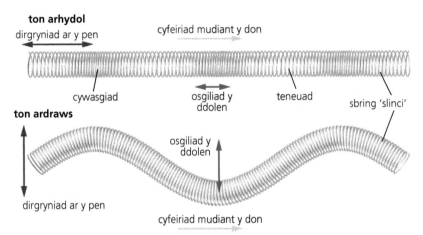

**Ffigur 5.1 Tonnau arhydol ac ardraws ar 'slinci'.**

## Sut rydyn ni'n disgrifio tonnau?

ADOLYGU

Mae tonnau'n cael eu disgrifio yn nhermau **tonfedd**, **amledd**, **buanedd** ac **osgled**. Mae Ffigur 5.2 yn dangos y meintiau hyn ar don ardraws, fel ton ddŵr neu don golau, lle mae cyfeiriad dirgryniad y don ar ongl sgwâr i gyfeiriad teithio'r don.

> **Amledd**, $f$, ton yw nifer y tonnau sy'n pasio pwynt mewn 1 eiliad. Caiff amledd ei fesur mewn hertz, Hz, lle mae 1 Hz = 1 don bob eiliad.
>
> **Buanedd** ton, $v$, yw'r pellter y mae ton yn ei deithio mewn 1 eiliad. Caiff buanedd ton ei fesur mewn metrau yr eiliad, m/s.
>
> Mae **osgled** ton yn fesur o'r egni y mae'r don yn ei gario. Caiff osgled ei fesur o'r safle llonydd (normal) at dop y brig neu at waelod y cafn. Mae osgled seiniau cryf yn fwy nag osgled seiniau tawel.

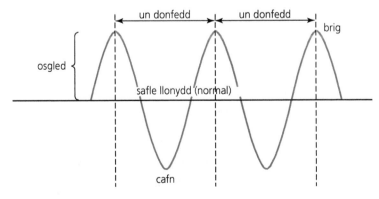

**Ffigur 5.2 Mesuriadau ton.**

> **Tonfedd**, $\lambda$, ton yw'r pellter y mae'n ei gymryd i'r don ailadrodd ei hun – mae hwn fel arfer yn cael ei fesur o un brig at y brig nesaf. Caiff tonfedd ei fesur mewn metrau, m.

## Cyfrifo buanedd, amledd a thonfedd tonnau ADOLYGU

- Gallwn ni gyfrifo buanedd ton drwy ddefnyddio'r hafaliad:

$$\text{buanedd ton} = \frac{\text{pellter}}{\text{amser}}$$

- Mae buanedd, amledd a thonfedd ton i gyd mewn perthynas â'i gilydd yn yr hafaliad ton sylfaenol:

buanedd ton = amledd × tonfedd

$$v = f\lambda$$

- Mae tonnau'n teithio ar amrediad o fuaneddau gwahanol.
- Mae pob ton electromagnetig yn teithio ar fuanedd golau, $c = 300\,000\,000$ m/s neu $3 \times 10^8$ m/s.
- Mae tonnau dŵr, fel tonnau syrffio, yn teithio ar tua 4 m/s.

### Profi eich hun PROFI

1. Mae syrffwraig yn cymryd 10 s i deithio 50 m ar frig ton nes ei bod yn glanio ar draeth. Beth yw ei buanedd?
2. Tonfedd y tonnau yng Nghwestiwn 1 yw 40 m. Beth yw amledd y tonnau?
3. Cyfrifwch fuanedd tonnau sain sy'n teithio drwy ddarn o bren gydag amledd o 5 kHz a thonfedd o 79.2 cm.
4. Esboniwch y gwahaniaeth rhwng ton ardraws a thon arhydol.

Atebion ar dudalen 120

## Beth yw'r sbectrwm electromagnetig? ADOLYGU

Teulu o donnau (ardraws) yw'r sbectrwm electromagnetig ac maen nhw i gyd yn teithio ar yr un buanedd mewn gwactod, $300\,000\,000$ m/s neu $3 \times 10^8$ m/s. Yn union fel yr egni sy'n cael ei ryddhau gan ddefnyddiau ymbelydrol, mae tonnau electromagnetig hefyd yn cael eu galw'n **'belydriad'**.

> Mae **pelydriad** yn cyfeirio at donnau electromagnetig neu'r egni sy'n cael ei ryddhau gan ddefnyddiau ymbelydrol.

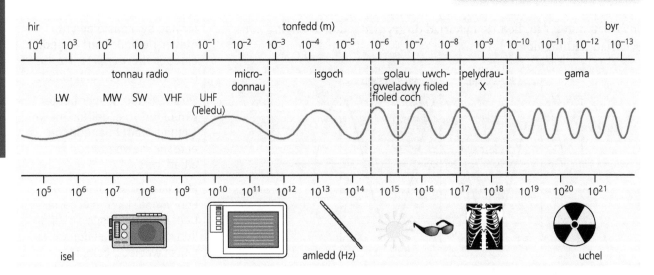

**Ffigur 5.3 Y sbectrwm electromagnetig.**

Mae gan rannau gwahanol o'r sbectrwm electromagnetig donfeddi, amleddau ac egnïon gwahanol. Yr uchaf yw amledd y don, yr uchaf yw ei hegni. Amledd, tonfedd ac egni ton electromagnetig sy'n llwyr gyfrifol am bennu beth yw ei nodweddion a sut bydd yn ymddwyn.

- Mae egni uchel iawn gan donnau gama, ac maen nhw'n gallu ïoneiddio (lladd neu niweidio) celloedd canser, ond maen nhw hefyd yn cael eu defnyddio i lunio delweddau o'r corff.
- Mae pelydrau-X hefyd yn ïoneiddio, ac maen nhw hefyd yn cael eu defnyddio mewn delweddu meddygol.
- Gall golau uwchfioled ïoneiddio celloedd y croen, gan achosi llosg haul.

Mae rhannau o'r sbectrwm electromagnetig sydd â thonfeddi byr (uwchfioled, pelydrau-X a phelydrau gama) i gyd yn cael eu galw'n belydriadau ïoneiddio gan eu bod yn gallu rhyngweithio ag atomau a niweidio celloedd gyda'r egni mawr y maen nhw'n ei gludo.

- Mae pelydriad isgoch yn cael ei ddefnyddio ar gyfer gwresogi a chyfathrebu, er enghraifft mewn dyfeisiau newid sianeli teledu (*remote controls*) a ffibrau optig.
- Mae microdonnau hefyd yn cael eu defnyddio ar gyfer gwresogi a chyfathrebu, yn enwedig fel signalau ffonau symudol.
- Mae tonnau radio'n cael eu defnyddio ar gyfer cyfathrebu dros bellteroedd llawer hirach, i ddarlledu rhaglenni teledu a radio.

Gall pob rhan o'r sbectrwm electromagnetig gludo gwybodaeth ac egni. Mae sêr hefyd yn allyrru pob rhan o'r sbectrwm, gan roi gwybodaeth i ni am eu cyfansoddiad a'u hymddygiad. Mae golau gweladwy, pelydrau isgoch, microdonnau a thonnau radio yn cael eu defnyddio'n aml gan bobl i drawsyrru gwybodaeth.

> **Cyngor**
>
> Gallwn ni luniadu diagramau sbectrwm electromagnetig i'r naill gyfeiriad neu'r llall. Cofiwch: tonnau radio sydd â'r tonfeddi hiraf, yr amleddau isaf a'r egni lleiaf. Pelydrau gama sydd â'r tonfeddi byrraf, yr amleddau uchaf a'r egni mwyaf. Mae'n rhaid i chi ddysgu'r drefn.

## Profi eich hun

PROFI

5 Beth yw ystyr pelydriad ïoneiddio?
6 Pa ran(nau) o'r sbectrwm electromagnetig:
  (a) sydd â'r egni lleiaf
  (b) sydd ag amrediad amledd rhwng golau gweladwy a phelydrau-X
  (c) sy'n gallu cael eu defnyddio i goginio
  (ch) sy'n cael eu hallyrru gan sêr
  (d) sy'n cael eu defnyddio ar gyfer cyfathrebu rhwng pobl?

Atebion ar dudalen 120

## Adlewyrchiad tonnau

ADOLYGU

Mae adlewyrchiad yn un o nodweddion sylfaenol pob ton. Pan mae blaendonnau (plân) syth yn taro rhwystr fflat, maen nhw'n adlamu oddi arno, gan ufuddhau i'r ddeddf adlewyrchiad. Mae Ffigur 5.4 yn dangos hyn yn digwydd gyda thonnau dŵr mewn tanc crychdonnau.

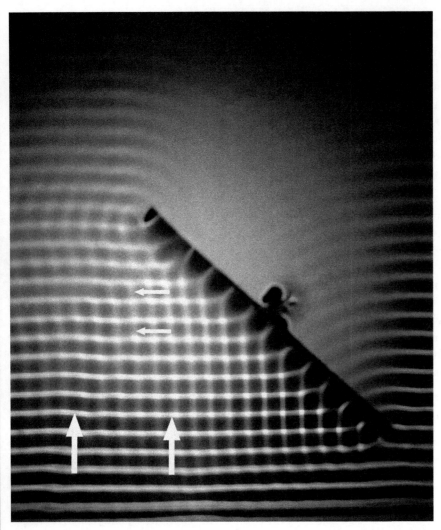

**Ffigur 5.4** Tonnau dŵr yn adlewyrchu oddi ar rwystr plân mewn tanc crychdonnau.

Mae Ffigur 5.5 yn esbonio adlewyrchiad tonnau.

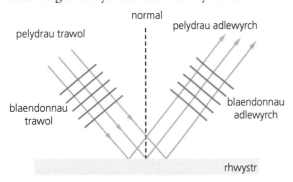

**Ffigur 5.5 Adlewyrchiad tonnau.**

> Y **normal** yw llinell sy'n cael ei thynnu ar 90° i arwyneb lle mae'r tonnau yn taro.
>
> Yr **ongl drawiad** yw'r ongl rhwng y pelydryn trawol a'r normal.
>
> Yr **ongl adlewyrchiad** yw'r ongl rhwng y pelydryn adlewyrchedig a'r normal.

Mae'r pelydrau dychmygol, sydd wedi'u llunio ar ongl sgwâr i'r blaendonnau, yn dangos cyfeiriad teithio'r blaendonnau. Mae'r onglau rhwng y pelydrau trawol a'r pelydrau adlewyrch a'r llinell **normal** (llinell ddychmygol ar ongl sgwâr i'r rhwystr/drych) yn hafal, gan ufuddhau i'r ddeddf adlewyrchiad, lle mae:

**ongl drawiad = ongl adlewyrchiad**

## Plygiant tonnau

ADOLYGU

Pan mae tonnau dŵr yn teithio o ddŵr dwfn i ddŵr bas, maen nhw'n arafu ac mae'r blaendonnau yn mynd yn agosach at ei gilydd, gan wneud eu tonfedd yn fyrrach. Enw'r effaith hon yw **plygiant**. Pan mae'r blaendonnau yn taro'r ffin rhwng y dŵr dyfnach a'r dŵr bas ar ongl, mae'n edrych fel petaen nhw'n newid cyfeiriad, fel mae Ffigur 5.6 yn ei ddangos.

Mae **plygiant** yn un o nodweddion cyffredinol tonnau, ac mae'n digwydd pan mae unrhyw don yn teithio dros y ffin rhwng un cyfrwng lle maen nhw'n teithio'n gyflymach, i gyfrwng arall lle maen nhw'n teithio'n arafach (neu i'r gwrthwyneb).

**Ffigur 5.6** Plygiant tonnau dŵr mewn tanc crychdonnau.

Mae plygiant golau drwy floc gwydr yn Ffigur 5.7 yn dangos y pelydrau golau'n newid cyfeiriad wrth iddyn nhw fynd o'r aer i mewn i'r gwydr, ac yna yn ôl eto.

**Ffigur 5.7** Plygiant golau drwy floc gwydr.

Mae Ffigur 5.8 yn fersiwn o Ffigur 5.7 ar ffurf diagram, gyda'r onglau wedi'u labelu.

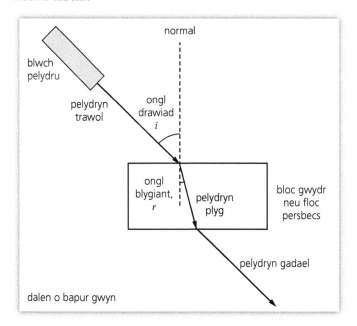

**Ffigur 5.8** Yr ongl drawiad a'r ongl blygiant.

# Cyfathrebu drwy ddefnyddio lloerenni ADOLYGU

Mae ffonau symudol yn defnyddio microdonnau a, gan eu bod yn signalau di-wifr, does dim angen cebl copr na ffibr optegol i'w trosglwyddo. Er hyn, un o anfanteision defnyddio microdonnau yw fod rhaid cael llwybr clir rhwng y trosglwyddydd a'r derbynnydd. Gallai hwn fod yn erial deledu neu'n ffôn symudol. Er mwyn cyrraedd yr ardal fwyaf bosibl, mae trosglwyddyddion teledu a ffonau symudol yn dal ac wedi eu gosod ar fryniau. Mae crymedd y Ddaear yn golygu bod rhaid i orsafoedd aildrosglwyddo anfon y signalau microdon ymlaen i drosglwyddyddion pell. Rhaid defnyddio lloerenni i gyfathrebu dros bellter hir o amgylch y byd. Yn ddamcaniaethol, dim ond tair lloeren sydd eu hangen i drosglwyddo signalau o amgylch y byd. Yn ymarferol, mae mwy na hyn yn cael eu defnyddio. Mae'r lloerenni'n cael eu rhoi mewn orbit ar uchder o 36 000 km. Maen nhw'n troi o amgylch y Ddaear, uwchben y cyhydedd, yn yr un amser yn union â chylchdro'r Ddaear. Yr enw ar hyn yw orbit geocydamseredig (geosefydlog).

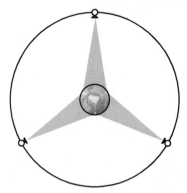

**Ffigur 5.9** Y Ddaear o bwynt uwchben Pegwn y Gogledd; gallai tair lloeren geocydamseredig anfon signalau i'r Ddaear.

## Profi eich hun

7 Beth yw'r ddeddf adlewyrchiad?
8 Beth yw'r llinell 'normal'?
9 Esboniwch pam mae tonfedd tonnau dŵr yn lleihau wrth iddyn nhw deithio o ddŵr dwfn i ddŵr bas.
10 Pam mae angen tair lloeren ar gyfer cyfathrebu gyda microdonnau dros bellter hir o amgylch y byd?

Atebion ar dudalen 120

## Crynodeb

- Mae tonnau ardraws yn dirgrynu ar ongl sgwâr i gyfeiriad mudiant y don. Mae tonnau arhydol yn dirgrynu i'r un cyfeiriad â chyfeiriad y mudiant.
- Gallwn ni wahaniaethu rhwng tonnau yn nhermau tonfedd, amledd, buanedd, osgled (ac egni).
- Dyma'r hafaliadau sy'n gysylltiedig â thonnau:

$$\text{buanedd ton} = \frac{\text{pellter}}{\text{amser}}$$

buanedd ton (m/s) = amledd (Hz) × tonfedd (m)

- Bydd tonnau'n adlewyrchu pan fyddan nhw'n taro rhwystr, gan ufuddhau i ddeddf adlewyrchiad.
- Bydd tonnau'n plygu wrth iddyn nhw groesi'r ffin rhwng un cyfrwng lle maen nhw'n teithio ar un buanedd a chyfrwng arall lle maen nhw'n teithio ar fuanedd gwahanol. Mae plygiant yn newid tonfedd y don.
- Mae pob rhan o'r sbectrwm electromagnetig yn trawsyrru gwybodaeth ac egni.
- Mae'r sbectrwm electromagnetig yn sbectrwm di-dor o donnau â thonfeddi ac amleddau gwahanol, sy'n cynnwys tonnau radio, microdonnau, pelydrau isgoch, golau gweladwy, pelydriad uwchfioled, pelydrau-X a phelydrau gama, ond mae'r tonnau i gyd yn teithio ar yr un buanedd mewn gwactod – buanedd golau.
- Gallwn ni ddefnyddio'r term 'pelydriad' i ddisgrifio tonnau electromagnetig a'r egni sy'n cael ei ryddhau gan ddefnyddiau ymbelydrol.
- Mae allyriadau ymbelydrol a rhannau o'r sbectrwm electromagnetig sydd â thonfeddi byr (uwchfioled, pelydrau-X a phelydrau gama) yn belydriadau ïoneiddio, ac maen nhw'n gallu rhyngweithio ag atomau, gan niweidio celloedd gyda'r egni sy'n cael ei gludo ganddyn nhw.
- Mae microdonnau a phelydriad isgoch yn cael eu defnyddio ar gyfer ffonau symudol, cysylltiadau ffibr optegol rhyng-gyfandirol, ac ar gyfer cyfathrebu dros bellter hir, drwy gyfrwng lloerenni geocydamseredig.

# Cwestiynau enghreifftiol

1 Mae'r graff yn Ffigur 5.10 yn dangos sut mae amledd tonnau sy'n ddwfn yn y môr yn dibynnu ar donfedd y tonnau.

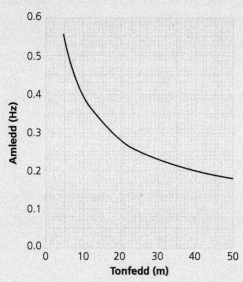

**Ffigur 5.10**

(a) Defnyddiwch wybodaeth o'r graff yn Ffigur 5.10 a'r hafaliad isod i gyfrifo buanedd tonnau sydd â thonfedd 40 m. [2]

buanedd ton = tonfedd × amledd

(b) Mae meteoryn mawr yn disgyn i'r môr ac yn cynhyrchu tonnau sydd ag amrediad o donfeddi.
   (i) Defnyddiwch yr hafaliad isod i gyfrifo pa mor hir byddai'n ei gymryd i donnau â thonfedd 40 m i gyrraedd ynys sydd 5600 m i ffwrdd. [1]

$$\text{buanedd} = \frac{\text{pellter}}{\text{amser}}$$

   (ii) A fyddai tonnau 10 m yn cyrraedd cyn neu ar ôl y tonnau 40 m? Defnyddiwch wybodaeth o'r graff i esbonio eich ateb. [2]

TGAU Ffiseg CBAC P1 Haen Sylfaenol Haf 2009 C7

2 Mae Ffigur 5.11 yn dangos dilyniant tonnau.

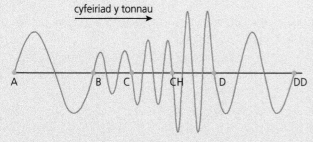

**Ffigur 5.11**

(a) Faint o donnau sydd i'w gweld rhwng A a C? [1]

(b) Rhwng pa ddau o'r pwyntiau, A, B, C, CH, D a DD, mae:
 (i) y donfedd fwyaf
 (ii) yr osgled lleiaf? [2]

(c) Mae'r wyth ton rhwng A a DD yn ymestyn am bellter o 240 cm. Cyfrifwch donfedd gyfartalog y tonnau. [1]

TGAU Ffiseg CBAC P1 Haen Uwch Ionawr 2011 C1

3 Mae golau melyn yn teithio aton ni o'r Haul ar fuanedd $3 \times 10^8$ m/s. Ei amledd yw $5 \times 10^{14}$ Hz. Ysgrifennwch mewn geiriau hafaliad addas a defnyddiwch ef i gyfrifo tonfedd y golau melyn hwn. [3]

TGAU Ffiseg CBAC P1 Haen Uwch Haf 2008 C5(a)

4 (a) Gan ddefnyddio'r geiriau isod, llenwch y rhannau sydd ar goll yn y sbectrwm electromagnetig, (i) a (ii). [2]

uwchfioled    tonnau radio    tonnau sain    tonnau dŵr

| (i) | Microdonnau | Isgoch | Golau gweladwy | (ii) | Pelydrau-X | Pelydrau gama |
|-----|-------------|--------|----------------|------|------------|---------------|

(b) Mae rhai tonnau electromagnetig yn gallu cael eu defnyddio ar gyfer cyfathrebu.
 (i) Enwch y don sy'n cael ei defnyddio gan declyn rheoli o bell. [1]
 (ii) Enwch y don sy'n cael ei defnyddio i gyfathrebu â lloeren yn y gofod. [1]

(c) Gall rhai o'r tonnau hyn fod yn niweidiol.
 (i) Enwch un don o'r rhestr sy'n gallu ïoneiddio celloedd yn y corff. [1]
 (ii) Beth yw perygl dos fawr o belydrau isgoch? [1]

TGAU Ffiseg CBAC P1 Haen Sylfaenol Ionawr 2011 C6

5 Mae Ffigur 5.12 yn dangos lloeren gyfathrebu A mewn orbit geocydamseredig (geosefydlog) o amgylch y Ddaear. Dydy'r diagram ddim wrth raddfa.

Ffigur 5.12

(a) (i) Esboniwch y manteision o osod lloerenni cyfathrebu mewn orbit geocydamseredig. [2]
 (ii) Copïwch y diagram ac ychwanegwch loeren arall B a gorsaf aildrosglwyddo 3 a fydd yn galluogi gorsaf radio 1 i gyfathrebu â gorsaf radio 2. [2]
 (iii) Ar y diagram, dangoswch y llwybr sy'n cael ei gymryd gan y signal, drwy loerenni A a B, pan fydd gorsaf radio 1 yn cyfathrebu â gorsaf radio 2. [1]

(b) (i) Mae microdonnau â thonfedd 20 cm ac sy'n teithio ar $3 \times 10^8$ m/s yn cael eu defnyddio ar gyfer cyfathrebu rhwng lloerenni geocydamseredig a'r Ddaear. Defnyddiwch hafaliad addas i gyfrifo amledd y microdonnau. [3]
 (ii) Yr amser oedi rhwng anfon signal o 1 a'i dderbyn yn 2 yw 0.48 s. Defnyddiwch hafaliad addas i ddarganfod uchder bras lloerenni geosefydlog uwchben y Ddaear. [3]

TGAU Ffiseg CBAC P1 Haen Uwch Ionawr 2010 C6

6 (a) Mae tonnau electromagnetig yn cael eu defnyddio mewn cyfathrebiadau i anfon signalau teledu.

   (i) Enwch y rhan o'r sbectrwm sy'n cludo signalau teledu drwy gyfrwng lloerenni. [1]

   (ii) Enwch y rhan o'r sbectrwm sy'n cludo signalau teledu o drosglwyddyddion i erial deledu yn y cartref. [1]

   (iii) Enwch y rhan o'r sbectrwm sy'n cludo signalau teledu drwy geblau ffibr optegol. [1]

 (b) Mae perchennog tŷ yn gosod lloeren i dderbyn signalau teledu o loeren gyfathrebu. Esboniwch pam nad oes angen i'r perchennog symud y lloeren ar ôl iddi gael ei gosod. [2]

TGAU Ffiseg CBAC P1 Haen Sylfaenol Haf 2010 C8

7 Mae Ffigur 5.13 yn dangos golau'n teithio o aer i mewn i floc gwydr.

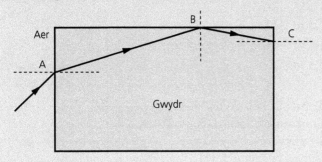

**Ffigur 5.13**

(a) (i) Beth rydyn ni'n galw'r golau'n plygu ar bwynt A? [1]

   (ii) Rhowch reswm pam mae'r golau'n newid cyfeiriad ar A. [1]

(b) Nodwch pa ddeddf sy'n cael ei hufuddhau ar bwynt B. [1]

(c) Ar bwynt C, mae'r golau'n teithio allan i'r aer.

   (i) Rhowch un rheswm pam nad yw'n mynd yn ôl i mewn i'r bloc fel mae'n ei wneud ar bwynt B. [1]

   (ii) Lluniadwch gyfeiriad y pelydryn i mewn i'r aer ar bwynt C. [1]

(ch) Mae bloc hir a thenau iawn o wydr yn cael ei wneud yn ffibr optegol. Enwch un math o belydriad electromagnetig (heblaw golau gweladwy) sy'n gallu cael ei ddefnyddio i anfon neges ar hyd ffibr optegol. [1]

(d) Buanedd signalau ar hyd ffibrau optegol yw $2.0 \times 10^8$ m/s. Dewiswch a defnyddiwch hafaliad i ddarganfod yr amser mae signal yn ei gymryd i deithio o Lundain i Efrog Newydd ar hyd ffibr optegol os yw'r pellter yn $4.8 \times 10^7$ m. Rhowch yr uned gywir ar gyfer eich ateb. [3]

TGAU Ffiseg CBAC P1 Haen Uwch Ionawr 2011 C3

**Atebion ar y wefan**

GWEFAN

# 6 Adlewyrchiad mewnol cyflawn tonnau

Mae ffibrau optegol yn galluogi cysylltiadau rhyngrwyd cyflym iawn a llawdriniaethau twll clo i ddigwydd. Maen nhw'n cynnwys tiwbiau hir, tenau, hyblyg o wydr, wedi'u hamgylchynu â haen sy'n caniatáu i baladr o olau neu i belydrau isgoch adlewyrchu drosodd a throsodd i lawr y ffibr. Rydyn ni'n galw hyn yn adlewyrchiad mewnol cyflawn.

## Adlewyrchiad mewnol cyflawn

ADOLYGU

Mae Ffigur 6.1 yn dangos beth sy'n digwydd pan mae paladr o olau'n teithio drwy floc gwydr. Yr ongl *i* yw'r ongl drawiad, wedi'i mesur o'r normal. Ar gyfer onglau *i* â gwerth isel, mae'r paladr yn plygu drwy wyneb cefn y bloc, fel mae'r llinell goch yn ei ddangos. Mae'r ongl blygiant yn cynyddu nes ei bod yn cyrraedd ongl drawiad sy'n cael ei galw'n ongl gritigol (tua 42° ar gyfer gwydr), ac mae'r ongl blygiant yn 90°. Mae'r llinell las yn dangos hyn yn y diagram. Gydag onglau sy'n fwy na'r ongl gritigol, mae'r paladr yn cael ei adlewyrchu yn ôl i mewn i'r bloc, gan ufuddhau i'r ddeddf adlewyrchiad.

> ### Cyngor
> Mae'r ongl gritigol mewn adlewyrchiad mewnol cyflawn yn dibynnu ar y defnyddiau dan sylw. Mae'r ongl gritigol mewn dŵr i aer tua 50°, mae gwydr i aer tua 42° a phlastig polycarbonad i aer tua 39°.

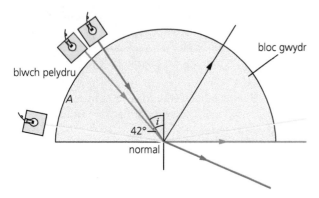

**Ffigur 6.1** Plygiant ac adlewyrchiad mewn bloc gwydr.

## Endosgopau

ADOLYGU

Mae ffibrau optegol yn denau a hyblyg iawn, sy'n eu gwneud yn ddelfrydol i'w defnyddio mewn endosgopau meddygol. Fel arfer, mae dwy set o ffibrau optegol mewn endosgop meddygol. Mae un set yn **trawsyrru** golau o ffynhonnell i lawr drwy'r endosgop ac mae set arall yn codi'r golau sy'n cael ei adlewyrchu oddi ar du mewn y corff ac yn ei drosglwyddo yn ôl i fyny'r endosgop, fel y gall delwedd gael ei harddangos ar y sgrin.

> Cyfrwng sy'n **trawsyrru** golau yw cyfrwng sy'n caniatáu i olau basio drwyddo.

Mae endosgopau'n ei gwneud hi'n bosibl cynnal llawdriniaethau 'twll clo'. Gall endosgop gael ei fewnosod yn y corff drwy'r geg neu'r anws, gan ganiatáu mynediad at y system dreulio; mae'n bosibl mynd at rannau eraill o'r corff drwy wneud endoriad bach maint twll clo yn y croen, ac yna mae'r tiwb endosgop yn cael ei basio drwyddo i mewn i geudodau'r corff neu i lif y gwaed. Dyma fanteision defnyddio endosgopeg:

- Mae cleifion yn adfer yn gyflym iawn ac mae'r risg o gael haint yn fach iawn.
- Does dim pelydriad ïoneiddio yn cael ei ddefnyddio, felly mae'r siawns o niweidio celloedd sydd heb eu heffeithio yn lleihau.
- Gall biopsïau (samplau bach o feinwe) gael eu cymryd gan chwiliedydd ar ben yr endosgop, gan ganiatáu dadansoddi celloedd a meinweoedd.

- Mae'n bosibl edrych ar ddelweddau lliw, agos, amser real o nodweddion y tu mewn i'r corff.

## Defnyddio tonnau isgoch a microdonnau ar gyfer cyfathrebu

ADOLYGU

Mae'n bosibl cael sgyrsiau amser real dros bellteroedd hir o ganlyniad i loerenni a chysylltiadau ffibr optegol, fel y gwelwch chi yn Ffigur 6.2.

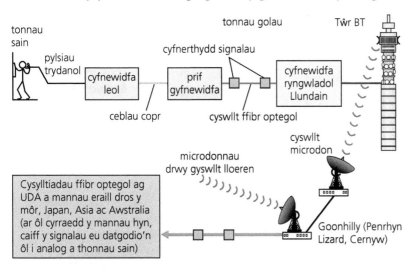

**Ffigur 6.2** Llwybr galwad ffôn ryngwladol wrth iddi adael y wlad.

Mae ffonau symudol yn cysylltu â rhwydwaith byd-eang o gysylltau microdon a ffibr optegol, sy'n trawsyrru signalau ffôn i ben draw'r byd ac yn ôl ar fuanedd golau. Mae galwadau ffôn llinell tir yn teithio ar hyd ffibrau optegol, gan ddefnyddio pelydriad isgoch. Mae ffibrau optegol yn well am drosglwyddo gwybodaeth na'r gwifrau copr a oedd yn arfer cludo galwadau ffôn dros bellter hir; gall un ffibr optegol gludo dros 1.5 miliwn o sgyrsiau ffôn (o'i gymharu â 1000 o sgyrsiau drwy wifrau copr) neu ddeg sianel deledu. Mae llawer o ffibrau mewn ceblau optegol rhyng-gyfandirol, felly mae'n bosibl trosglwyddo swm enfawr o wybodaeth mewn ffordd gost effeithiol.

Mewn galwadau ffôn dros bellter hir, caiff signalau trydanol eu trawsnewid yn bylsiau digidol. Yna, bydd laser isgoch yn trawsnewid y signal digidol yn bylsiau golau, ac mae'r laser yn fflachio'n gyflym iawn. Mae gorsafoedd aildrosglwyddo'n cyfnerthu'r signal bob 30 km ar hyd y ffibr. Ar y pen pellaf, mae datgodiwr yn trawsnewid y signal digidol o'r laser i roi foltedd newidiol, sydd yna'n cael ei drawsnewid i sain yng nghlustffon y ffôn.

Mae gan ffibrau optegol rai manteision eraill dros wifrau copr:
- Mae llinellau ffibr optegol yn defnyddio llai o egni.
- Mae angen llai o gyfnerthwyr arnyn nhw.
- Does dim sgyrsiau croes (ymyriant) â cheblau cyfagos.
- Maen nhw'n anodd eu bygio.
- Maen nhw'n pwyso llai ac felly'n haws eu gosod.

# Ffibrau optegol neu ficrodonnau?

Mae ffibrau optegol a chyfathrebu drwy loerenni yn cael eu defnyddio ar gyfer galwadau ffôn rhyngwladol a darllediadau teledu. Mae'n cymryd amser i'r signalau deithio o orsaf ar y Ddaear i fyny at un o'r lloerenni ac yn ôl eto, fel y gwelwch chi yn Ffigur 6.3. Mae hyn yn creu oediad amser yn y signal.

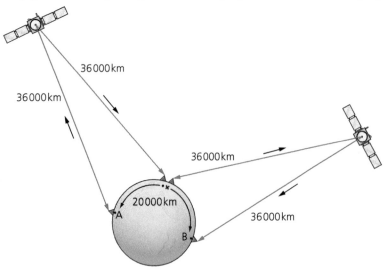

**Ffigur 6.3** Rhaid i'r signal lloeren deithio'n llawer pellach.

Mae'r lloerenni mewn orbit ar uchder o 36 000 km, felly hyd y llwybr yw 4 × 36 000 km, neu 144 000 km. Defnyddiwch y fformiwla isod i gyfrifo'r oediad amser o stiwdio i stiwdio drwy gyfrwng lloeren:

$$\text{amser y mae'n ei gymryd (s)} = \frac{\text{pellter teithio (km)}}{\text{buanedd (km/s)}}$$

$$\text{amser y mae'n ei gymryd} = \frac{144\,000\ \text{km}}{300\,000\ \text{km/s}} = \text{(tua)}\ 0.5\,\text{s}$$

Gallai darllediad allanol gynyddu taith y signal i 200 000 km, gan olygu bod yr oediad amser tua 0.7 s. Mae'n hawdd sylwi ar yr oediad amser hwn ar ddarllediadau newyddion ac mewn sgyrsiau ffôn.

Gan fod ffibrau optegol yn cysylltu dwy stiwdio, gall y pellter teithio fod mor isel ag 20 000 km, ac mae tonnau isgoch yn teithio ar 200 000 km/s mewn ffibrau optegol:

$$\text{oediad amser (s)} = \frac{20\,000\ \text{km}}{200\,000\ \text{km/s}} = \text{(tua)}\ 0.1\,\text{s}$$

Felly, dim ond 0.1 s yw'r oediad amser gyda ffibrau optegol, sy'n llawer llai amlwg.

## Cyngor

Un cwestiwn cyffredin iawn mewn papurau arholiad yw cymharu'r oediad amser rhwng signalau sy'n cael eu hanfon fel microdonnau drwy gyfrwng lloerenni a signalau sy'n cael eu hanfon fel tonnau isgoch drwy gyfrwng ffibrau optegol. Cofiwch fod microdonnau'n teithio yno ac yn ôl drwy gyfrwng lloerenni, felly mae'r pellter teithio fel arfer *ddwywaith* y pellter at y lloeren. Buanedd isgoch y tu mewn i ffibr optig yw 200 000 000 m/s, *nid* buanedd golau mewn aer.

## Profi eich hun

4 Pa fath o belydriad electromagnetig sy'n cael ei ddefnyddio i:
  (a) cysylltu ffonau symudol â'u herial ar y ddaear
  (b) pasio signalau i lawr cysylltau cyfathrebu ffibr optegol
  (c) cysylltu gorsafoedd ar y ddaear â lloerenni?
5 Esboniwch pam mae signalau sy'n cael eu trawsyrru drwy ffibrau optegol yn teithio'n gyflymach na rhai sy'n cael eu hanfon drwy geblau copr.
6 Pam mae angen aildrosglwyddo signalau sy'n teithio i lawr ffibrau optegol bob 30 km?
7 Y pellter ar y tir rhwng Caerdydd ac Auckland, Seland Newydd, yw tua 18 400 km. Cyfrifwch yr oediad amser mewn linc fideo rhwng y ddwy ddinas hyn:
  (a) drwy gyswllt ffibr optegol, lle mae'r signalau isgoch yn teithio ar 200 000 000 m/s
  (b) drwy loeren geosefydlog mewn orbit uwchben y cyhydedd, 38 000 000 m o Gaerdydd a 38 000 000 m o Auckland. Mae microdonnau'n teithio 300 000 000 m/s drwy'r atmosffer.

Atebion ar dudalen 120

## Crynodeb

- Mae adlewyrchiad mewnol cyflawn yn digwydd mewn golau (a ffurfiau eraill ar donnau) os yw'r golau'n ceisio croesi ffin o gyfrwng lle mae'n teithio'n araf i mewn i gyfrwng lle mae'n teithio'n gyflymach, ar ongl drawiad sy'n fwy nag ongl gritigol y ffin.
- Mae ffibrau optegol ac endosgopau'n dibynnu ar adlewyrchiad mewnol cyflawn iddyn nhw allu gweithredu.
- Mae'n bosibl defnyddio ffibrau optegol sy'n defnyddio tonnau isgoch, a lloerenni geocydamseredig sy'n defnyddio tonnau radio neu ficrodonnau, ar gyfer cyfathrebu dros

bellter hir. Gall ffibrau optegol gludo nifer fawr o signalau ac mae ganddyn nhw oediad amser byrrach na systemau cyfathrebu drwy loerenni, ond mae angen cysylltiad sefydlog arnyn nhw, yn wahanol i systemau cyfathrebu drwy loerenni.
- Gellir defnyddio ffibrau optegol ar gyfer archwiliadau meddygol endosgopig. Mae endosgopau'n cynhyrchu delweddau agos, amser real o ansawdd uchel ac mae'n bosibl cymryd biopsïau. Dydy endosgopeg ddim yn ïoneiddio a dydy hi ddim yn niweidio celloedd sydd heb eu heffeithio, yn wahanol i sganiau CT.

## Cwestiynau enghreifftiol

### Cyngor

Mewn nifer o gwestiynau cyfrifo, byddwch chi'n cael marc dim ond am nodi a defnyddio hafaliad addas. Byddwch chi'n cael rhestr o hafaliadau ar daflen ddata yn y papur arholiad

1 Mae lloeren geocydamseredig (geosefydlog) yn cael ei defnyddio i anfon signalau o A i B.

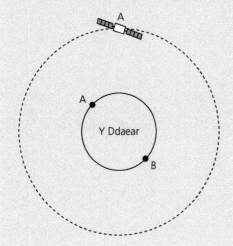

**Ffigur 6.4**

(a) (i) Faint o amser mae'n ei gymryd i'r lloeren yma wneud orbit o amgylch y Ddaear unwaith? [1]

(ii) Copïwch Ffigur 6.4 ac ychwanegwch ato i ddangos sut mae A yn anfon signalau i B drwy'r lloeren. [1]

(b) Esboniwch pam mae lloerenni cyfathrebu'n cael eu rhoi mewn orbitau geocydamseredig. [1]

(c) Mae signal microdon, sydd ag amledd $5 \times 10^9$ Hz a buanedd $3 \times 10^8$ m/s, yn cludo lluniau teledu o stiwdio i loeren geocydamseredig sydd $3.6 \times 10^7$ m uwchben y cyhydedd. Mae'r lloeren yn derbyn y signal ac yna'n ei thrawsyrru yn ôl i'r Ddaear, lle mae'n cael ei derbyn gan gartrefi â dysglau lloeren.

(i) Defnyddiwch hafaliad addas i gyfrifo tonfedd y signal microdon. [3]

(ii) Defnyddiwch hafaliad addas i gyfrifo'r amser mae'n ei gymryd i'r lluniau teledu deithio o'r stiwdio i gartrefi'r gwylwyr. [3]

TGAU Ffiseg CBAC P1 Haen Sylfaenol Ionawr 2010 C5

2 Mae'r cwestiwn hwn yn ymwneud â chyfathrebu dros bellter hir rhwng dau bwynt pell ar arwyneb y Ddaear, A a B, gan ddefnyddio cysylltau lloerenni a ffibrau optegol.

(a) Mae gwybodaeth yn cael ei throsglwyddo o A i B drwy ddefnyddio lloeren mewn orbit geocydamseredig $3.6 \times 10^4$ km uwchben arwyneb y Ddaear. Mae microdonnau'n cludo'r wybodaeth ar fuanedd o $3 \times 10^8$ m/s o A i B drwy'r lloeren. Defnyddiwch hafaliad addas i gyfrifo'r oediad amser rhwng anfon a derbyn y wybodaeth. [4]

(b) (i) Gallai'r wybodaeth hefyd gael ei hanfon o A i B drwy ffibr optegol trawsgyfandirol sy'n cysylltu A a B. Mae signal isgoch yn cludo'r wybodaeth ar fuanedd o $2 \times 10^8$ m/s. Rhowch reswm pam mae'r oediad amser rhwng anfon a derbyn y signal hwn yn llawer byrrach na'r hyn a gafodd ei gyfrifo yn rhan (a). [1]

(ii) Nodwch ddwy fantais arall o ddefnyddio ffibrau optegol i anfon gwybodaeth dros bellteroedd hir. [2]

TGAU Ffiseg CBAC P1 Haen Uwch Haf 2009 C5

3 Mae Ffigur 6.5 yn dangos beth sy'n digwydd i baladr o olau wrth iddo ddod allan o floc o wydr.

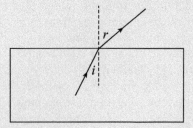

**Ffigur 6.5**

(a) (i) Enwch yr effaith hon. [1]

(ii) Rhowch reswm pam mae'r paladr yn newid cyfeiriad. [1]

(b) Pan mae ongl $i$ yn 42°, ongl $r$ yw 90°. Dangoswch hyn ar gopi o Ffigur 6.6. [1]

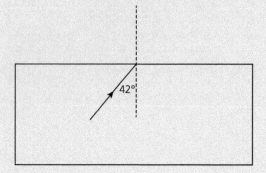

**Ffigur 6.6**

(c) (i) Copïwch a chwblhewch y diagram i ddangos beth sy'n digwydd i'r paladr o olau os yw ongl $i$ yn 50°. [1]

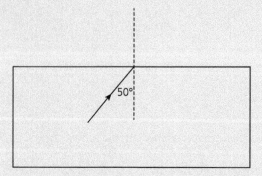

**Ffigur 6.7**

(ii) Beth yw enw'r effaith hon? [1]

(iii) Felly, nodwch ddau amod sydd eu hangen er mwyn i'r effaith hon ddigwydd mewn ffibrau optegol. [2]

(ch) Mae gan belydriad isgoch sydd ag amledd $4 \times 10^{13}$ Hz donfedd $5 \times 10^{-6}$ m mewn ffibr gwydr.

(i) Defnyddiwch hafaliad addas i gyfrifo buanedd y pelydriad isgoch yn y ffibr gwydr. [3]

(ii) Defnyddiwch hafaliad addas i gyfrifo'r amser a gymerir gan signal isgoch i deithio ar hyd ffibr gwydr sy'n 10 km o hyd. [4]

TGAU Ffiseg CBAC P1 Haen Uwch Haf 2007 C3

## Atebion ar y wefan

GWEFAN

# 7 Tonnau seismig

Mae daeargrynfeydd yn digwydd pan mae platiau tectonig yn symud mewn perthynas â'i gilydd, gan ryddhau diriannau anferth sy'n cynhyrchu tonnau seismig. Effaith y tonnau seismig ar arwyneb y Ddaear sy'n achosi'r daeargryn, gan greu difrod neu gynhyrchu tsunamïau pwerus.

## Mathau o donnau seismig

ADOLYGU

Mae daeargrynfeydd yn cynhyrchu tri math o don seismig ac mae Ffigur 7.1 yn dangos y ddau brif fath.

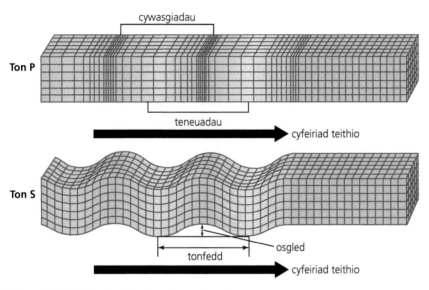

**Ffigur 7.1 Y ddau brif fath o don seismig.**

Mae tonnau cynradd (**tonnau P**) yn donnau arhydol, lle mae cyfeiriad dirgryniad y graig yn mynd yn yr un cyfeiriad â lledaeniad y don. Mae tonnau P bob amser yn cyrraedd yn gyntaf ar ôl daeargryn gan mai nhw sy'n teithio gyflymaf (tua 5–8 km/s). Gan fod tonnau P yn cael eu cynhyrchu gan fudiant gwthio–tynnu y graig, maen nhw'n gallu teithio drwy graig solet a hylifol, ac mae'n bosibl eu canfod bron ledled arwyneb y Ddaear yn dilyn daeargryn (sylwch ar yr ardaloedd cysgodol ar dudalen 48).

Mae tonnau eilaidd (**tonnau S**) yn donnau ardraws lle mae cyfeiriad dirgryniad y graig ar ongl sgwâr i gyfeiriad lledaenu'r don. Mae tonnau S yn arafach (tua 2–8 km/s) ac maen nhw'n cael eu cynhyrchu gan fudiant croesrym y graig; o ganlyniad, dydyn nhw ddim yn gallu teithio drwy hylifau. Felly, mae craidd hylifol allanol y Ddaear yn ffurfio ardal gysgodol ar arwyneb y Ddaear mewn man sy'n ddirgroes i'r daeargryn – dim ond tonnau P sy'n cael eu canfod yn yr ardal hon.

Y trydydd math o don seismig yw tonnau arwyneb. Mae'r rhain yn lledaenu'n arafach ar draws arwyneb platiau tectonig (fel arfer gyda buanedd rhwng 1 a 6 km/s).

Tonnau seismig arhydol yw **tonnau P**.

Tonnau seismig ardraws yw **tonnau S**.

**Cyngor**

Tonnau cynradd, sy'n golygu cyntaf, yw tonnau P felly'r rhain sy'n teithio gyflymaf a'r rhain sy'n cael eu canfod yn gyntaf.
Mae siâp tonnau S, gan eu bod yn donnau ardraws, yr un fath â llythyren S ar ei hochr.

## Profi eich hun

1 Pa fath o don seismig sy'n teithio fel tonnau ardraws?
2 Pam mai tonnau S yw'r ail i gyrraedd ar ôl daeargryn bob amser?
3 Pa fath o don seismig sy'n cael ei chynhyrchu gan fudiant gwthio–tynnu gronynnau'r graig?
4 Pam mae tonnau S yn ffurfio ardal gysgodol ar arwyneb y Ddaear mewn man sy'n ddirgroes i'r daeargryn?
5 Pa fath o don seismig sy'n gallu teithio drwy graidd hylifol allanol y Ddaear?
6 Beth yw tonnau arwyneb?

Atebion ar dudalen 120

## Seismogramau a dadansoddi daeargrynfeydd

Mae seismomedr yn gallu canfod daeargrynfeydd a thonnau seismig ac maen nhw'n cael eu cofnodi ar seismogram, sef cofnod gweledol o ddirgryniadau'r Ddaear sy'n cael eu hachosi gan ddaeargryn. Mae seismomedrau'n gweithio gan fod ganddyn nhw bwysyn mawr ynghlwm wrth gyfres o synwyryddion sy'n cynhyrchu cerrynt bach wrth i'r pwysyn a'r synwyryddion symud mewn perthynas â'i gilydd pan fydd y tonnau seismig yn mynd heibio. Mae'r cerrynt bach yn cael ei gofnodi gan gyfrifiadur a'i arddangos fel olin seismogram ar sgrin.

**Ffigur 7.2** Seismogram yn dilyn daeargryn.

Ar seismogram, mae amser bob tro'n cael ei gynrychioli o'r chwith i'r dde ar yr olin ac mae osgled y dirgryniadau yn cael ei ddangos yn fertigol ar yr olin. Bydd tonnau P cyflymach yn cael eu dangos yn gyntaf ar yr olin bob tro, wedi'u dilyn gan y tonnau S ac yna'r tonnau arwyneb. Un mesuriad pwysig ar seismogram yw'r oediad amser rhwng cyrhaeddiad y tonnau P a chyrhaeddiad y tonnau S. Mae'n bosibl defnyddio'r mesuriad hwn i ddarganfod y pellter rhwng y seismomedr ac uwchganolbwynt y daeargryn. Gall tri o'r mesuriadau hyn o orsafoedd seismig gwahanol gael eu defnyddio er mwyn triongli i ddarganfod lleoliad yr uwchganolbwynt.

# Dadansoddi olin seismig enghreifftiol

Mae Ffigur 7.3 yn dangos y seismogramau o ddwy orsaf fonitro wahanol, A a B, yn dilyn daeargryn.

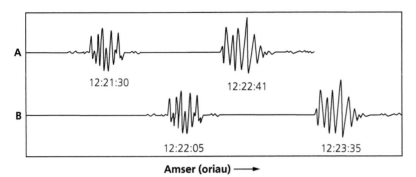

**Ffigur 7.3** Dwy olin seismogram o orsafoedd monitro gwahanol.

Mae'r ddwy olin yn dangos dau signal ar adegau gwahanol gan fod y signal cyntaf yn cyfateb i'r tonnau P cyflymach ac mae'r ail signal yn dod o'r tonnau S arafach. Derbyniodd Gorsaf B y signalau ar ôl gorsaf A, gan ei bod yn bellach i ffwrdd o uwchganolbwynt y daeargryn. Yr oediadau amser S–P ar gyfer pob gorsaf fonitro yw:

$$A_{\text{oediad amser S-P}} = 12:22:41 - 12:21:30 = 71s$$

$$B_{\text{oediad amser S-P}} = 12:23:35 - 12:22:05 = 90\,s$$

Gall yr oediad amser S–P gael ei ddefnyddio i gyfrifo pellter gorsaf fonitro o uwchganolbwynt y daeargryn drwy ddefnyddio'r fformiwla:

$$\text{pellter (km)} = \left(\frac{\text{oediad amser (s)}}{5}\right) \times 60$$

Yn yr achos hwn, pellter y daeargryn o bob un o'r gorsafoedd yw:

- pellter o A (km) $= \left(\dfrac{71\,s}{5}\right) \times 60 = 852$ km

- pellter o B (km) $= \left(\dfrac{90\,s}{5}\right) \times 60 = 1080$ km

Mae angen seismogram o drydedd orsaf fonitro seismig i driongli union uwchganolbwynt y daeargryn.

> ### Cyngor
> Cofiwch gyfrifo'r amser S–P (nid i'r gwrthwyneb). Gan mai tonnau S yw'r ail i gyrraedd, maen nhw'n cyrraedd yn hwyrach. Felly, i gyfrifo'r oediad amser, rhaid i chi dynnu'r amser cynharach o'r amser hwyrach.

## Profi eich hun

7 Beth yw seismomedr?
8 Beth yw'r echelinau ar seismogram?
9 Pa fath o don seismig sy'n ymddangos yn gyntaf ar seismogram?
10 Beth yw'r oediad amser S–P ar seismogram?
11 Pam mae angen tri seismogram, o orsafoedd monitro gwahanol, i ganfod lleoliad uwchganolbwynt daeargryn?
12 Ar 13 Hydref 2016, cafwyd daeargryn maint 3.1 ger Merthyr Tudful. Digwyddodd y daeargryn am 18 awr: 09 mun: 12 eiliad. Roedd tonnau P a oedd yn teithio ar 8 km/s yn lledaenu oddi wrth yr uwchganolbwynt. Ar ba amser y cafodd y daeargryn ei gofnodi yn Wrecsam, 145 km i ffwrdd?

Atebion ar dudalen 120

# Tonnau seismig ac adeiledd y Ddaear

Mae Ffigur 7.4 yn dangos croestoriad o'r Ddaear.

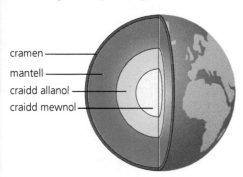

cramen
mantell
craidd allanol
craidd mewnol

**Ffigur 7.4 Croestoriad o'r Ddaear.**

Mae daeargrynfeydd yn digwydd yn y gramen ac maen nhw'n gallu teithio drwy'r Ddaear gyfan. Gall tonnau P ledaenu drwy holl haenau'r Ddaear, ond dydy tonnau S ddim yn gallu lledaenu drwy'r craidd hylifol allanol. Mae buanedd tonnau P yn newid gyda dyfnder y tu mewn i'r Ddaear fel y gwelwch chi yn Ffigur 7.5.

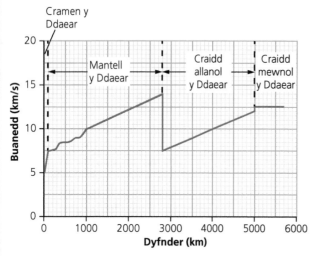

**Ffigur 7.5 Buanedd tonnau P drwy'r Ddaear.**

Mae'r graff yn Ffigur 7.5 yn dangos bod y ffin rhwng y fantell solet a'r craidd hylifol allanol yn digwydd ar ddyfnder o 2800 km. Mae buanedd y tonnau P yn cynyddu gyda dyfnder y tu mewn i'r fantell, o ganlyniad i'r cynnydd mewn gwasgedd a dwysedd, gan achosi i'r tonnau seismig blygu. Wrth i'r tonnau P groesi'r ffin mantell–craidd allanol i mewn i'r craidd hylifol allanol, maen nhw'n arafu'n gyflym iawn. Mae Ffigur 7.6 yn dangos llwybr tonnau S a thonnau P drwy'r Ddaear mewn croestoriad.

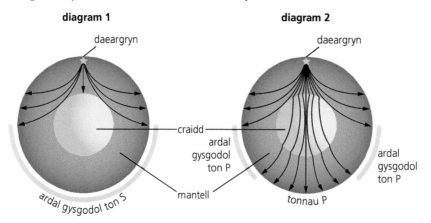

diagram 1

daeargryn

craidd
ardal
gysgodol
ton P

ardal gysgodol ton S

mantell

diagram 2

daeargryn

ardal
gysgodol
ton P

tonnau P

**Ffigur 7.6 Tonnau seismig yn teithio drwy'r Ddaear.**

## Cyngor

Mae'r ddau fath o donnau seismig yn cynhyrchu ardaloedd cysgodol. Cofiwch na all tonnau S ledaenu drwy hylifau, felly dydyn nhw ddim yn teithio drwy'r craidd allanol, gan ffurfio ardal gysgodol mewn man sy'n gwbl ddirgroes i uwchganolbwynt y daeargryn ar y Ddaear. Mae tonnau P yn cynhyrchu dwy ardal gysgodol.

Atebion i'r cwestiynau enghreifftiol: **www.hoddereducation.co.uk/fynodiadauadolygu**

Yn Ffigur 7.6, mae diagram 1 yn dangos tonnau S a diagram 2 yn dangos tonnau P. Gan nad yw tonnau S yn lledaenu drwy hylifau, mae ardal gysgodol fawr i don S lle does dim tonnau S yn cael eu cofnodi. Dyma dystiolaeth uniongyrchol bod y craidd allanol yn hylif. Mae gan y tonnau P ardaloedd cysgodol hefyd, o ganlyniad i blygiant, yn enwedig wrth iddyn nhw groesi'r ffin rhwng y fantell a'r craidd allanol.

## Profi eich hun

PROFI

13 Pa donnau seismig sydd ag ardal gysgodol ar ochr ddirgroes y Ddaear i'r man lle roedd daeargryn?
14 Pa donnau seismig sy'n teithio drwy haen fantell y Ddaear?
15 Pa donnau seismig sy'n lledaenu drwy hylif?
16 Pam mae llwybrau tonnau seismig yn grwm?
17 Pam mae buanedd tonnau P yn newid yn sydyn ar ddyfnder o tua 2800 km?

Atebion ar dudalen 120

## Crynodeb

● Tonnau seismig arhydol yw tonnau P. Rhain yw'r tonnau seismig cyflymaf ac maen nhw'n gallu teithio drwy graig solet a chraig hylifol.
● Tonnau seismig ardraws yw tonnau S. Maen nhw'n arafach na thonnau P a dim ond drwy graig solet maen nhw'n gallu teithio.
● Tonnau seismig wedi'u ffurfio ar arwyneb y Ddaear yw tonnau arwyneb. Tonnau arwyneb yw'r tonnau seismig arafaf.
● Cofnodion seismig wedi'u symleiddio yw seismograffau, sy'n caniatáu i ni weld yr

oediad amser rhwng cyrhaeddiad y tonnau P a'r tonnau S. Drwy ddefnyddio seismograffau o nifer o orsafoedd, mae'n bosibl canfod lleoliad uwchganolbwynt daeargryn.
● Mae llwybr tonnau P a thonnau S drwy'r Ddaear yn dibynnu ar eu buanedd.
● Mae cofnodion seismig yn dangos ardal gysgodol ton S. Mae hyn wedi arwain daearegwyr i lunio model o'r Ddaear gyda mantell solet a chraidd hylifol.

## Cwestiynau enghreifftiol

1 Pan mae daeargryn yn digwydd, mae dau fath o donnau seismig, P ac S, yn teithio drwy'r Ddaear.
　(a) Nodwch pa don seismig, P neu S, sydd ddim yn gallu teithio drwy hylif.
　(b) Nodwch pa don seismig, P neu S, sy'n teithio gyflymaf.
　(c) Nodwch pa don seismig, P neu S, sy'n cynhyrchu dirgryniadau yng nghyfeiriad teithio'r don.
　(ch) Nodwch pa don seismig sy'n teithio fel ton arhydol. [4]

TGAU Ffiseg CBAC P3 Haen Sylfaenol Haf 2008 C1

2 Mae tonnau P a thonnau S yn fathau o donnau seismig sy'n cael eu cynhyrchu gan ddaeargrynfeydd.
　(a) Mae tonnau P a thonnau S yn teithio ar fuaneddau gwahanol.
　　(i) Rhowch ddau wahaniaeth arall rhwng tonnau P a thonnau S. [2]
　　(ii) Rhowch un gwahaniaeth rhwng tonnau ardraws a thonnau arhydol. [1]
　(b) Mae Ffigur 7.7 yn dangos signalau sy'n cael eu derbyn mewn gorsaf fonitro yn dilyn daeargryn.

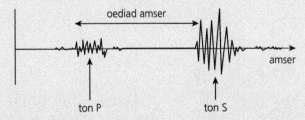

Ffigur 7.7

　(i) Rhowch reswm pam mae'r tonnau P yn cael eu derbyn yn gyntaf. [1]
　(ii) Nodwch pa wybodaeth mae'r oediad amser yn gallu ei roi i seismolegwyr am y daeargryn. [1]

TGAU Ffiseg CBAC P3 Haen Uwch Haf 2009 C2

3 Mae'r map isod yn dangos safleoedd dwy orsaf gofnodi seismig, A a B (yn nhalaith Califfornia yn America). Mae uwchganolbwynt daeargryn rhywle ar gylchedd y cylch o amgylch A. Mae Gorsaf B yn cael ei defnyddio i leoli dau o safleoedd posibl ar gyfer uwchganolbwynt y daeargryn.

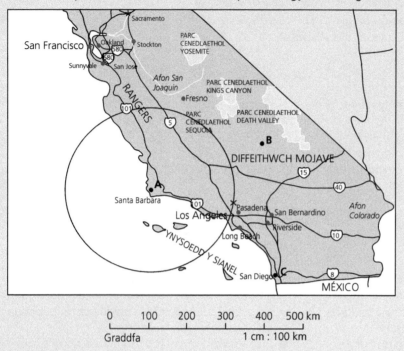

0    100    200    300    400    500 km

Graddfa                                    1 cm : 100 km

**Ffigur 7.8**

(a) (i)  Mae'r don P yn cymryd 25 s i gyrraedd gorsaf B o'r uwchganolbwynt. Buanedd y don P oedd 6 km/s. Defnyddiwch yr hafaliad isod i gyfrifo pellter B o uwchganolbwynt y daeargryn.    [2]

pellter = buanedd × amser

(ii)  Mae un o safleoedd posibl yr uwchganolbwynt yn cael ei ddangos gan yr X ar y cylch. Copïwch y map a marciwch ar y cylch lle arall gallai'r uwchganolbwynt fod.    [1]

(b) Mae cofnod o'r tonnau P ac S sy'n cyrraedd gorsaf A yn cael ei ddangos isod. Mae'r don S yn cyrraedd gorsaf A 20 s yn hwyrach na'r tonnau P.

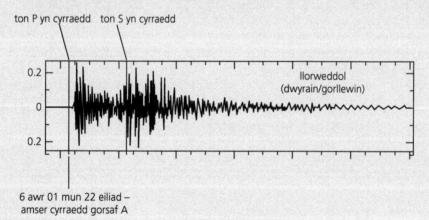

**Ffigur 7.9**

(i)  Nodwch pam mae'r don S yn cyrraedd yn hwyrach na'r don P.    [1]

(ii)  Llenwch y bylchau isod.

Yr amser mae ton S yn cyrraedd gorsaf A yw _____ awr _____ munud _____ eiliad. [1]

TGAU Ffiseg CBAC P3 Haen Sylfaenol Mai 2016 C4

## Atebion ar y wefan

GWEFAN

# 8 Damcaniaeth ginetig

## Gwasgedd

ADOLYGU

Pan fydd grym yn gweithredu dros arwynebedd penodol, mae gwasgedd yn cael ei roi.

$$\text{gwasgedd} = \frac{\text{grym}}{\text{arwynebedd}}$$

$$p = \frac{F}{A}$$

Yr uned ar gyfer gwasgedd yw'r pascal (Pa), lle mae 1 Pa = 1 N/m². Mae gwasgedd safonol ein hatmosffer hefyd yn cael ei ddefnyddio fel uned gwasgedd ar gyfer nwyon – mae'n cael ei fesur mewn atmosfferau (atm) neu mewn barrau (bar), lle mae 1 atm neu 1 bar $\approx 1 \times 10^5$ Pa. Mae gwasgedd nwy yn digwydd o ganlyniad i'r grym y mae'r gronynnau nwy yn ei roi ar waliau ei gynhwysydd. Mae'r gronynnau sy'n gwrthdaro yn rhoi grym sy'n gweithredu dros arwynebedd y waliau neu'r gwrthrych. Mae gwasgedd nwy yn cael ei fesur â medrydd gwasgedd, e.e. medrydd Bourdon.

> **Cyngor**
>
> Does dim rhaid i chi gofio hafaliadau; byddan nhw wedi cael eu rhoi y tu mewn i glawr eich papur arholiad. Ond mae rhaid i chi allu ad-drefnu'r hafaliadau os byddwch chi'n sefyll y papur Haen Uwch. Mae'r hafaliadau Haen Uwch i'w gweld ar dudalen viii.

### Profi eich hun

PROFI

1. Mae ci sy'n pwyso 50 N yn sefyll ar y llawr. Cyfanswm arwynebedd traed y ci yw 16 cm².
   (a) Beth yw'r gwasgedd rhwng traed y ci a'r llawr?
   (b) Mae'r ci nawr yn codi ar ei goesau ôl. Beth yw'r gwasgedd rhwng traed ôl y ci a'r llawr?
2. Y gwasgedd atmosfferig ar lefel y môr yw $1 \times 10^5$ Pa. Cyfrifwch y grym y mae'r gronynnau aer y tu mewn i'r ystafell yn ei roi ar wal ystafell ymolchi 2 m × 2 m.
3. Mae pêl droed yn cael ei phwmpio at wasgedd o 1.2 atm, (1 atm = $1 \times 10^5$ Pa). Cyfanswm grym y gronynnau aer y tu mewn i'r bêl sy'n gweithredu ar arwyneb mewnol y bêl yw 15 kN (1 kN = 1000 N). Cyfrifwch arwynebedd mewnol y bêl.

Atebion ar dudalen 120

> **Cyngor**
>
> Does dim rhaid i chi gofio rhagddodiaid lluosyddion unedau, er enghraifft k, kilo; maen nhw wedi eu hargraffu ar du mewn y papur arholiad. Er hyn, mae'r rhagddodiaid wedi'u rhoi mewn ffurf safonol, felly mae angen i chi wybod sut i ddefnyddio'r rhifau hyn.

## Ymddygiad nwyon

ADOLYGU

Mae màs penodol o nwy yn ehangu neu'n cyfangu pan fydd tymheredd y nwy yn newid, gan newid ei gyfaint. Mae cynyddu tymheredd y nwy'n cyflymu'r gronynnau nwy ac yn gwneud iddyn nhw wrthdaro'n amlach yn erbyn waliau'r cynhwysydd. Mae hyn yn cynyddu'r grym sy'n gweithredu ar y waliau, a thrwy hynny'n cynyddu'r gwasgedd ac, os yw'r cynhwysydd yn hyblyg, mae'n ehangu ac mae'r cyfaint yn cynyddu.

# Y deddfau nwy

## Deddf Boyle – y berthynas rhwng gwasgedd a chyfaint

Mae arbrofion yn dangos bod màs sefydlog o nwy ar dymheredd cyson, $T$, gwasgedd, $p$, mewn cyfrannedd gwrthdro â chyfaint, $V$. Hynny yw:

$$\text{gwasgedd} \propto \frac{1}{\text{cyfaint}}$$

neu

$$\text{gwasgedd} \times \text{cyfaint} = \text{cysonyn}$$

$$pV = \text{cysonyn}$$

Deddf Boyle yw'r enw ar hyn a gallwn ni ei dangos drwy ddefnyddio graff gwasgedd yn erbyn $\frac{1}{\text{cyfaint}}$ â chydberthyniad positif.

## Gwasgedd, cyfaint a thymheredd

Gallwn ni gynnal arbrofion tebyg i arbrawf deddf Boyle i ymchwilio i'r cysylltiad rhwng cyfaint, $V$, a thymheredd, $T$; a gwasgedd, $p$, a thymheredd, $T$.

Mae'r arbrofion hyn yn dangos bod:

$$\frac{pV}{T} = \text{cysonyn}$$

neu

$$\frac{p_1 \times V_1}{T_1} = \frac{p_2 \times V_2}{T_2}$$

lle mae $p_1$, $V_1$ a $T_1$ yn cynrychioli gwasgedd, cyfaint a thymheredd swm penodol o nwy cyn y newid ac mae $p_2$, $V_2$ a $T_2$ yn cynrychioli gwasgedd, cyfaint a thymheredd y nwy ar ôl y newid. (Mae angen mesur y tymereddau fel tymereddau absoliwt mewn kelvin, K.)

> **Cyngor**
>
> Mae'n bosibl mynegi cyfaint gan ddefnyddio amryw o unedau gwahanol. Yr uned safonol yw $m^3$, ond mae hwn yn gyfaint eithaf mawr, felly mae $cm^3$ yn cael ei ddefnyddio ar gyfer cyfeintiau llai. Weithiau mae hylifau'n cael eu rhoi mewn litrau, lle mae 1 litr = 1000 $cm^3$.

## Profi eich hun

4 Cyfaint colofn o aer yw 45 $cm^3$ ar wasgedd atmosfferig ($1 \times 10^5$ Pa) a thymheredd ystafell (293 K). Os yw'r tymheredd yn aros yn gyson a'r cyfaint yn cael ei gywasgu i 20 $cm^3$, beth yw gwasgedd yr aer?

5 Cyfaint ysgyfaint nofiwr ar yr arwyneb yw tua 5 litr (1 litr = 1000 $cm^3$) lle mae'r gwasgedd yn 1 atm ($1 \times 10^5$ Pa). Mae pob 10 m o ddyfnder dŵr yn gwneud y gwasgedd ar ysgyfaint y deifiwr 1 atm yn fwy, felly'r gwasgedd ar 10 m yw 2 atm ac ar 20 m mae'n 3 atm, a.y.b. Cyfrifwch gyfaint ysgyfaint y nofiwr ar 15 m – gan gymryd bod y tymheredd yn aros yn gyson.

6 Cyfaint awyrlong yw 200 $m^3$ wrth iddi gael ei henchwythu ar wasgedd atmosfferig a 290 K (17 °C). Yna mae llosgwyr nwy'n cael eu defnyddio i wresogi'r aer y tu mewn i'r awyrlong at dymheredd o 510 K. Os yw'r awyrlong yn cael ei henchwythu ar wasgedd atmosfferig, beth yw cyfaint yr awyrlong ar 510 K?

7 Cyfaint balŵn tywydd uchder uchel yw 8 litr ar lefel y tir, lle mae tymheredd yr aer yn 293 K a gwasgedd yr aer yn $1 \times 10^5$ Pa. Cyfrifwch gyfaint y balŵn ar uchder o 3.8 km lle mae'r tymheredd yn 260 K (−13 °C) a gwasgedd yr atmosffer yn 3394 Pa.

Atebion ar dudalen 121

# Sero absoliwt

Mae nwyon yn cynnwys gronynnau sy'n symud ar fuaneddau uchel i gyfeiriadau ar hap. Yr uchaf yw'r tymheredd, yr uchaf yw'r buanedd. Mae'r gronynnau nwy'n gwrthdaro â waliau'r cynhwysydd. Wrth iddyn nhw wrthdaro, maen nhw'n rhoi grym ar waliau'r cynhwysydd. Mae'r grym sy'n gweithredu dros arwynebedd y waliau yn creu gwasgedd, ac mae gwasgedd nwy yn lleihau wrth i'r tymheredd leihau ($p \propto T$). Wrth i'r tymheredd fynd yn is ac yn is, mae'r gronynnau nwy yn symud yn arafach ac yn arafach, gan roi llai o wasgedd ar y cynhwysydd. Yn y pen draw, ar −273 °C, mae mudiant y moleciwlau'n stopio a dydy'r nwy ddim yn rhoi gwasgedd ar ei gynhwysydd. Mae'r tymheredd hwn yn cael ei alw'n sero absoliwt.

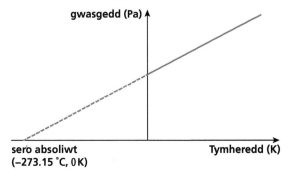

**Ffigur 8.1**

> **Cyngor**
>
> Gall y graff sy'n dangos sero absoliwt hefyd gael ei ddangos fel graff cyfaint yn erbyn tymheredd.

Mae sero absoliwt yn cael ei ddefnyddio fel y pwynt sefydlog ar y raddfa tymheredd absoliwt, lle mae gan sero absoliwt dymheredd o 0 kelvin (0 K), sy'n hafal i −273 °C.

I drawsnewid o kelvin i raddau Celsius:

$$T\,(K) = \theta\,(°C) + 273$$

## Cynhwysedd gwres sbesiffig

Rydyn ni'n cyfeirio at faint o egni gwres sydd ei angen i godi (neu ostwng) tymheredd 1 kg o ddefnydd 1 °C (neu 1 K) fel cynhwysedd gwres sbesiffig y defnydd, $c$. Mae cynhwysedd gwres sbesiffig metelau yn gymharol isel (er enghraifft, cynhwysedd gwres sbesiffig copr yw 385 J/kg °C). Mae cynhwysedd gwres sbesiffig anfetelau yn llawer uwch (er enghraifft, cynhwysedd gwres sbesiffig dŵr yw 4200 J/kg °C).

Mae'r hafaliad isod yn dangos y berthynas rhwng cynhwysedd gwres sbesiffig, $c$, y newid mewn tymheredd, $\Delta T$, y màs, $m$, a'r egni sy'n cael ei ennill (neu ei golli), $Q$, gan ddefnydd:

$$Q = mc\Delta T$$

> **Enghreifftiau**
>
> 1  Cyfrifwch faint o egni sydd ei angen i godi tymheredd 0.75 kg o ddŵr y tu mewn i degell o 18 °C i 100 °C.
>
> 2  Cynhwysedd gwres sbesiffig bricsen tŷ â màs o 2.5 kg yw 840 J/kg °C. Mae'r fricsen yn cael ei gwresogi mewn popty, sy'n ychwanegu 85 000 J o egni gwres i'r fricsen. Cyfrifwch y newid tymheredd yn y fricsen.
>
> **Atebion**
>
> 1  $Q = mc\Delta T = 0.75\,\text{kg} \times 4200\,\text{J/kg °C} \times (100\,°C - 18\,°C) = 258\,300\,\text{J}$
>
> 2  $Q = mc\Delta T \Rightarrow \Delta T = \dfrac{Q}{mc} = \dfrac{85\,000\,\text{J}}{2.5\,\text{kg} \times 840\,\text{J/kg °C}} = 40.5\,°C$

8  Cyfrifwch faint o egni sydd ei angen i godi tymheredd ystafell sy'n llawn o aer (â màs 61 kg, a chynhwysedd gwres sbesiffig, 1000 J/kg °C) gan 22 °C.

9  Faint o egni gwres sydd angen ei dynnu o 160 g o ddŵr mewn gwydr y tu mewn i oergell, er mwyn gostwng ei dymheredd o 18 °C i 5 °C?

10  Mae bloc 0.5 kg o gopr yn cael ei wresogi 70 °C. Cyfrifwch faint o egni sydd ei angen i wneud hyn.

**Atebion ar dudalen 121**

## Gwres cudd sbesiffig

ADOLYGU

Gwres cudd sbesiffig, $L$, yw'r enw ar faint o egni sydd ei angen i newid cyflwr 1 kg o ddefnydd ar ei ymdoddbwynt neu ar ei ferwbwynt. Mae dau fath o wres cudd sbesiffig: gwres cudd sbesiffig ymdoddiad (sy'n ymwneud ag ymdoddi neu rewi) a gwres cudd sbesiffig anweddiad (sy'n ymwneud â berwi neu gyddwyso). Mae'r hafaliad canlynol yn dangos y berthynas rhwng maint yr egni, $Q$ (mewn J), màs y defnydd, $m$ (mewn kg), a'r gwres cudd sbesiffig, $L$ (mewn J/kg):

$$Q = mL$$

Pan fydd cyflwr yn newid, mae'r egni sydd ei angen i ddal y gronynnau at ei gilydd yn newid. Mae Ffigur 8.2 yn dangos y berthynas rhwng y gronynnau a thymheredd pan mae solidau yn newid i hylifau, ac yna i nwyon.

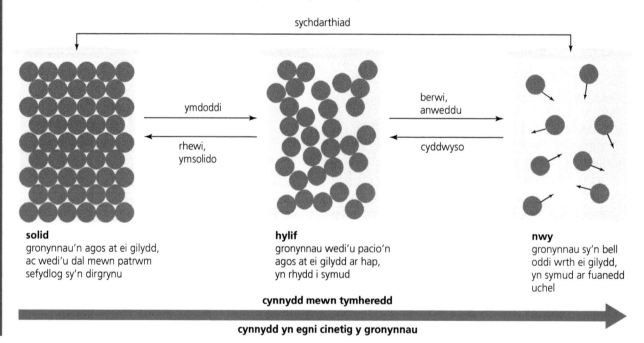

**Ffigur 8.2** Newid cyflwr.

Pan mae defnydd yn newid cyflwr, mae tymheredd y defnydd yn aros yn gyson. Mae'r egni gwres, sy'n cael ei ychwanegu at (neu ei dynnu o) y defnydd, yn ad-drefnu adeiledd y gronynnau, fel y gwelwch chi yn Ffigur 8.3. Mae gwres cudd sbesiffig y defnydd yn gysylltiedig â rhannau llorweddol y graff, lle mae'r defnydd yn newid cyflwr.

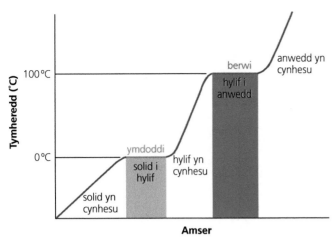

**Ffigur 8.3** Newidiadau mewn tymheredd yn ystod newidiadau yng nghyflwr dŵr.

## Crynodeb

- Gwasgedd yw grym yn gweithredu dros arwynebedd a chaiff ei roi gan yr hafaliad:

$$\text{gwasgedd} = \frac{\text{grym}}{\text{arwynebedd}}$$

$$p = \frac{F}{A}$$

- Gall màs sefydlog o nwy amrywio ei wasgedd, ei gyfaint a'i dymheredd. Mae'r tri mesur i gyd yn gysylltiedig â'i gilydd. Mae newid un ohonyn nhw'n gallu newid y ddau arall.
- Pan mae nwy'n cael ei oeri, ceir tymheredd isel iawn o'r enw sero absoliwt lle mae holl fudiant moleciwlau'n stopio. Caiff sero absoliwt ei ddefnyddio fel tymheredd sero'r raddfa tymheredd absoliwt, wedi'i fesur mewn kelvin, K. Mae newid o 1 K yn y tymheredd yn hafal i newid o 1 °C yn y tymheredd.

- Ⓤ ● Mae'r hafaliad canlynol yn dangos y berthynas rhwng gwasgedd, cyfaint a thymheredd nwy:

$$\frac{pV}{T} = \text{cysonyn}$$

- Mae'n bosibl esbonio'r amrywiad yng ngwasgedd nwyon yn ôl newidiadau yn y cyfaint a'r tymheredd drwy gymhwyso model mudiant moleciwlaidd a gwrthdrawiadau.
- Mae'r gwres sy'n cael ei drosglwyddo yn ystod newidiadau yn y tymheredd a'r cyflwr yn cael ei roi gan:

$$Q = mc\Delta T$$

$$Q = mL$$

- Ⓤ ● Gallwn ni ddefnyddio model damcaniaeth ginetig sy'n ymwneud ag ymddygiad moleciwlau pan maen nhw'n cael eu gwresogi er mwyn esbonio'r newidiadau yn nhymheredd a chyflwr unrhyw sylwedd.

## Cwestiynau enghreifftiol

1 Mae màs sefydlog o nwy yn cael ei gadw ar gyfaint cyson. Mae'r tabl yn dangos sut mae gwasgedd y nwy hwn yn newid gyda'r tymheredd pan mae'n cael ei wresogi.

| Tymheredd (°C) | Tymheredd (K) | Gwasgedd (N/cm²) |
|---|---|---|
| −273 | ............... | 0 |
| −173 | 100 | 4 |
| −123 | 150 | 6 |
| −73 | 200 | 8 |
| +27 | 300 | ............... |
| +77 | 350 | 14 |
| +127 | 400 | 16 |

(a) Copïwch a chwblhewch y tabl. [2]

(b) Esboniwch yn nhermau moleciwlau pam mae'r gwasgedd yn cynyddu wrth i'r tymheredd godi. [2]

TGAU Ffiseg CBAC P3 Haen Sylfaenol Mai 2016 C5

2 Mae Dan ar ei wyliau yn Denver, UDA. Mae e'n pacio potel ddŵr blastig wedi'i selio gyda dim ond aer ynddi yn ei fag. Pan mae e'n cyrraedd gartref yng Nghaerdydd, mae'n sylwi bod y botel ddŵr yn edrych

➜

fel pe bai wedi cael ei gwasgu. Mae e'n gweithio allan beth yw cyfaint y botel yn Denver ac yng Nghaerdydd. Mae'r tabl isod yn dangos ei ganlyniadau a gwybodaeth berthnasol arall.

Mae'r graff yn Ffigur 8.4 yn dangos sut mae'r gwasgedd atmosfferig yn newid gydag uchder uwchben lefel y môr.

| Cyfaint y botel yn Denver | $5.0 \times 10^{-4}\,m^3$ |
| Cyfaint y botel yng Nghaerdydd | $3.8 \times 10^{-4}\,m^3$ |
| Tymheredd yng Nghaerdydd | 293 K |
| Tymheredd yn Denver | 293 K |
| Uchder yng Nghaerdydd | 0 m |

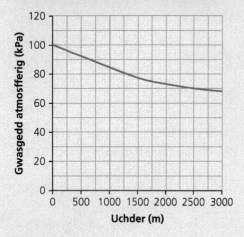

**Ffigur 8.4**

(a) (i) Defnyddiwch y graff i ysgrifennur gwasgedd yr aer yng Nghaerdydd mewn Pa. [1]

(ii) Defnyddiwch y wybodaeth uchod a hafaliadau addas i ateb y cwestiynau canlynol:

(I) Cyfrifwch y gwasgedd atmosfferig yn Denver a defnyddiwch eich ateb i ddarganfod uchder Denver uwchben lefel y môr. [4]

(II) Cyfrifwch y tymheredd byddai ei angen ar y botel yng Nghaerdydd er mwyn iddi gael yr un cyfaint ag oedd ganddi yn Denver. Rhowch eich ateb mewn °C. [3]

(b) Esboniwch, yn nhermau mudiant moleciwlau, sut mae ymddygiad nwyon yn arwain at y syniad o sero absoliwt a graddfa dymheredd absoliwt. [6 AAE]

TGAU Ffiseg CBAC P3 Haen Uwch Mai 2016 C5

3 Yng Nghymru, mae tua 725 000 o boteli plastig yn cael eu defnyddio bob dydd. Mae cynghorau lleol yn casglu poteli plastig, ac yna mae'n rhaid eu cludo nhw i ganolfannau ailgylchu sydd wedi'u lleoli ym mhob rhan o Gymru. Mae 250 o boteli'n cael eu gwasgu'n un bwrn. Mae hyn yn ei gwneud hi'n llawer haws eu cludo nhw i'r ffatri ailgylchu.

Mae'n bosibl defnyddio gwasg hydrolig fel yr un yn Ffigur 8.5. Mae wedi'i chynllunio i roi grym mawr ar y poteli plastig i'w gwasgu nhw'n un bwrn. Dim ond grym cymharol fach sydd ei angen yn X i wasgu'r poteli plastig yn Y. Bydd y gwasgedd sy'n cael ei roi ar y piston mawr yn Y yn hafal i'r gwasgedd sy'n cael ei roi yn X, ond mae arwynebedd y piston yn Y 15 gwaith yn fwy nag arwynebedd y piston yn X.

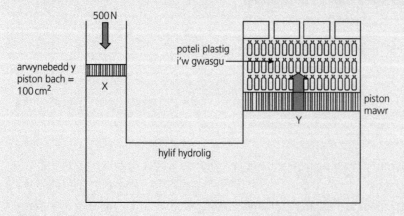

**Ffigur 8.5**

(a) Pe bai'r holl boteli plastig sy'n cael eu defnyddio yng Nghymru bob dydd yn cael eu gwasgu, sawl bwrn fyddai'n cael ei gynhyrchu mewn un wythnos? [2]

(b) Pa un o'r canlynol sy'n dangos y cyfrifiad cywir o'r gwasgedd y mae'r piston bach yn ei roi ar yr hylif hydrolig yn X? [1]

A $\quad$ gwasgedd $= \dfrac{\text{grym}}{\text{arwynebedd}} = 500 \times 100 = 50\,000 \text{ N/cm}^2$

B $\quad$ gwasgedd $= \dfrac{\text{grym}}{\text{arwynebedd}} = \dfrac{500}{100} = 5 \text{ N/cm}^2$

C $\quad$ gwasgedd $= \dfrac{\text{grym}}{\text{arwynebedd}} = \dfrac{500}{100} = 5 \text{ N/m}^2$

CH gwasgedd $= \dfrac{\text{grym}}{\text{arwynebedd}} = \dfrac{100}{500} = 5 \text{ N/cm}^2$

(c) Defnyddiwch wybodaeth o'r testun a'r hafaliad isod i gyfrifo'r grym sy'n cael ei ddefnyddio i wasgu'r poteli plastig yn Y. [2]

$$\text{grym} = \dfrac{\text{gwasgedd}}{\text{arwynebedd}}$$

(ch) Mae'r wasg hydrolig yn dechrau gollwng. Mae hylif hydrolig yn ddrud. Mae un o weithwyr y ffatri ailgylchu'n awgrymu y gallent arbed arian drwy ddefnyddio aer yn lle'r hylif hydrolig. Esboniwch pam fyddai'r wasg hydrolig ddim yn gweithio gydag aer. [2]

TGAU Ffiseg CBAC Uned 1: Trydan, egni a thonnau Haen Sylfaenol DAE C2

4 Mae tuniau aerosol metel yn cynnwys nwy ar wasgedd uchel. Am resymau diogelwch, rhaid i'r tun allu gwrthsefyll gwasgedd hyd at 620 kPa. Bydd gwasgedd uwch na'r gwerth hwn yn achosi i'r tun ffrwydro. Mae tun sy'n cynnwys màs penodol o nwy yn cael ei daflu i mewn i goelcerth. Mae'n cael ei wresogi o 27 °C i 227 °C.

(a) Gan ddefnyddio model mudiant moleciwlaidd, esboniwch pam mae gwasgedd y nwy yn y tun yn cynyddu ar ôl iddo gael ei daflu i'r goelcerth. [2]

(b) Roedd gwasgedd gwreiddiol (ar 27 °C) y nwy yn y tun yn 280 kPa. Defnyddiwch hafaliad addas i benderfynu ydy'r tun yn ffrwydro ai peidio ar ôl cael ei daflu i mewn i'r goelcerth. [4]

TGAU Ffiseg CBAC Uned 1: Trydan, egni a thonnau Haen Uwch DAE C6

5 Mae'r wybodaeth yn y tabl isod yn dangos cynhwysedd gwres sbesiffig gwahanol sylweddau.

| Sylwedd | Cynhwysedd gwres sbesiffig (J/kg °C) |
|---|---|
| Dŵr | 4200 |
| Olew | 2100 |
| Alwminiwm | 880 |
| Copr | 380 |

(a) (i) Cynhwysedd gwres sbesiffig alwminiwm yw 880 J/kg °C. Esboniwch beth yw ystyr y gosodiad hwn. [2]

(ii) Mae bloc 0.75 kg o alwminiwm yn cael ei wresogi o 20 °C i 80 °C. Defnyddiwch hafaliad addas i gyfrifo'r egni gwres sy'n cael ei gyflenwi i'r bloc alwminiwm. [2]

(b) Mae'r bloc alwminiwm poeth nawr yn cael ei roi mewn bicer o ddŵr wedi'i ynysu. Mae màs y dŵr yn y bicer yn 0.50 kg. Mae tymheredd terfynol y dŵr a'r bloc alwminiwm yn 30.5 °C. Cyfrifwch dymheredd gwreiddiol y dŵr. [5]

(c) Esboniwch ai olew neu ddŵr yw'r oerydd gorau mewn rheiddiadur car. [3]

TGAU Ffiseg CBAC Uned 1: Trydan, egni a thonnau Haen Uwch DAE C7

## Atebion ar y wefan

GWEFAN

# 9 Electromagneteg

## Meysydd magnetig

ADOLYGU

**Meysydd magnetig** yw'r mannau lle mae magnetau'n 'teimlo' grym. Gallwn ni ddefnyddio llinellau maes magnetig i ddangos meysydd magnetig, ac mae'r rhain yn dangos patrwm y maes magnetig. Mae llinellau maes magnetig yn pwyntio o bolau y Gogledd at bolau y De – yr agosaf yw'r llinellau maes magnetig at ei gilydd, y cryfaf yw'r maes magnetig. Mae meysydd magnetig yn cael eu cynhyrchu gan **fagnetau parhaol**, neu maen nhw'n gallu cael eu cynhyrchu pan fydd cerrynt trydanol yn llifo drwy wifren, coil neu **solenoid**.

> Mae defnyddiau magnetig yn profi grym o fewn **meysydd magnetig**.
>
> Mae **magnet parhaol** yn cynhyrchu ei faes magnetig ei hun.
>
> Coil hir o wifren yw **solenoid**.

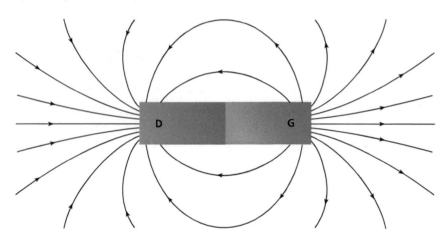

**Ffigur 9.1** Y maes magnetig o amgylch magnet bar.

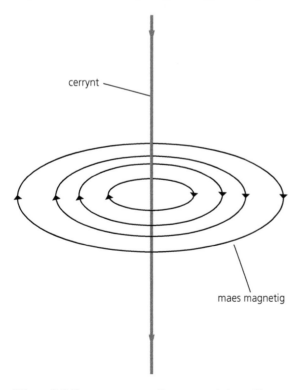

**Ffigur 9.2** Y maes magnetig o amgylch gwifren sy'n cludo cerrynt.

cerrynt

maes magnetig

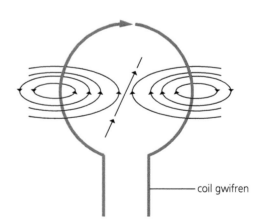

**Ffigur 9.3** Y maes magnetig o amgylch coil sy'n cludo cerrynt.

coil gwifren

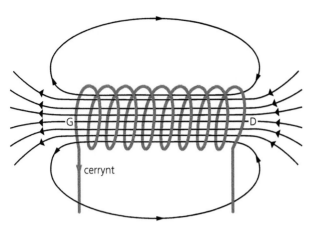

**Ffigur 9.4** Y maes magnetig o amgylch solenoid sy'n cludo cerrynt.

## Profi eich hun

PROFI

1 Lluniadwch y meysydd magnetig sydd o amgylch magnet bar.
2 Sut mae'r maes magnetig o amgylch gwifren sy'n cludo cerrynt yn newid wrth i'r cerrynt gynyddu?
3 Rhestrwch dri pheth y gallwch eu gwneud â maes magnetig solenoid, ond na allwch eu gwneud â magnet bar parhaol.

Atebion ar dudalen 121

## Yr effaith modur

ADOLYGU

Pan mae cerrynt yn llifo drwy wifren y tu mewn i faes magnetig, mae'r wifren yn profi grym sy'n gallu symud y wifren – effaith modur yw'r enw ar hyn. Mae cyfeiriad y grym ar y wifren yn dibynnu ar gyfeiriad y cerrynt a chyfeiriad y maes magnetig – mae'n bosibl darganfod hwn drwy ddefnyddio'r bysedd ar eich llaw chwith, sydd weithiau'n cael ei alw'n rheol llaw chwith Fleming.

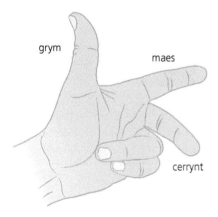

**Ffigur 9.5** Rheol llaw chwith Fleming.

Mae'r effaith modur yn cael ei defnyddio i ddylunio moduron c.u., a gallwch chi ddefnyddio rheol llaw chwith Fleming i ddarganfod cyfeiriad cylchdro'r modur. Mae buanedd y cylchdro a grym troi modur c.u. yn cynyddu gyda: maint y cerrynt; cryfder y maes magnetig a nifer y troadau mewn gwifren.

Mae cryfder maes magnetig, $B$, yn gysylltiedig â dwysedd y llinellau maes magnetig ac mae'n cael ei fesur mewn tesla, T. Mae gan fagnet bar labordy gryfder maes magnetig o tua 0.1 T. Yr hafaliad sy'n cysylltu'r grym ($F$) ar ddargludydd â chryfder y maes magnetig ($B$), y cerrynt ($I$) a hyd y dargludydd ($l$) yw:

$$F = BIl$$

## Moduron trydan

ADOLYGU

Mae moduron trydan yn trawsnewid egni trydanol i egni cinetig ac maen nhw'n gweithio oherwydd yr effaith modur. Maen nhw'n cael eu dylunio i drawsnewid y grym sy'n cael ei gynhyrchu i mewn i symudiad cylchdro sy'n gallu gyrru olwynion. Gallwn ni ddefnyddio rheol llaw chwith Fleming i ddarganfod cyfeiriad cylchdro'r modur, gan ei fod bob amser yn cylchdroi i gyfeiriad y grym.

PROFI

### Profi eich hun

4 Beth mae'r bawd yn ei gynrychioli yn rheol llaw chwith Fleming?
5 Cyfrifwch y grym ar wifren 0.08m, sy'n cludo cerrynt o 0.3A y tu mewn i faes magnetig â chryfder 0.7T.
6 Mae gwifren 7cm yn profi grym o 0.5N y tu mewn i faes magnetig 0.3T. Cyfrifwch y cerrynt drwy'r wifren.
7 Rhestrwch dair ffactor sy'n gallu cynyddu buanedd modur c.u.

Atebion ar dudalen 121

## Anwythiad electromagnetig

ADOLYGU

Pan mae gwifren ddargludol yn symud y tu mewn i faes magnetig, neu pan mae maes magnetig yn newid o amgylch gwifren ddargludol, mae cerrynt trydanol yn cael ei gynhyrchu y tu mewn i'r wifren – rydyn ni'n galw hyn yn **anwythiad electromagnetig**. Mae maint y cerrynt anwythol yn dibynnu ar ba gyfradd mae'r wifren yn torri llinellau'r maes magnetig. Mae generaduron trydan c.e. syml yn gweithio o ganlyniad i anwythiad electromagnetig. Mae allbwn trydanol y generadur (cerrynt neu foltedd) yn cynyddu gyda: buanedd cylchdro coil y generadur; nifer y troadau ar y coil a chryfder y maes magnetig. Mae cyfeiriad y cerrynt anwythol mewn generadur yn dibynnu ar gyfeiriad y maes magnetig a chyfeiriad cylchdro'r coil. Mae'n bosibl darganfod hwn drwy ddefnyddio bysedd eich llaw dde (sydd weithiau'n cael ei alw'n rheol llaw dde Fleming) lle mae'r bawd yn pwyntio i gyfeiriad y mudiant; mae'r bys cyntaf yn pwyntio i gyfeiriad y maes ac mae'r ail fys yn pwyntio i gyfeiriad y cerrynt (positif i negatif).

> Mae **anwythiad electromagnetig** yn cynhyrchu foltedd a, drwy hynny, cerrynt mewn gwifren o ganlyniad i newid mewn maes magnetig neu drwy symudiad y wifren mewn maes magnetig.

> **Cyngor**
>
> Peidiwch â drysu rhwng rheol llaw chwith a rheol llaw dde Fleming. Rhaid i chi ddysgu'r rhain ar eich cof.

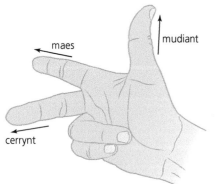

maes
mudiant
cerrynt

**Ffigur 9.6** Rheol llaw dde Fleming.

## Y generadur c.e. syml

ADOLYGU

Mae gwybodaeth am broses anwythiad electromagnetig yn cael ei defnyddio i ddylunio generaduron c.e. syml. Mae generaduron yn trawsnewid egni cinetig i mewn i egni trydanol. Y tu mewn i'r generadur, mae coil gwifren yn cylchdroi y tu mewn i faes magnetig, neu mae magnet yn cylchdroi y tu mewn i goil gwifren. Yna mae anwythiad electromagnetig yn anwytho foltedd yn y coil.

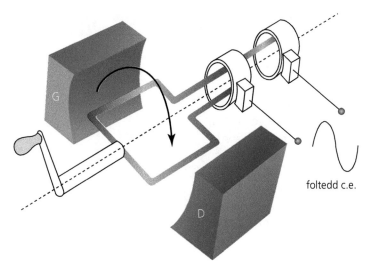

**Ffigur 9.7** Generadur c.e. syml.

Wrth i'r coil gylchdroi, mae'r wifren yn torri ar draws llinellau maes magnetig rhwng polau'r magnet. Mae hyn yn anwytho foltedd yn y wifren ac mae cerrynt yn llifo o gwmpas y coil. Mae dwy fodrwy 'llithro' yn cysylltu â'r gylched allanol ac mae'r cerrynt yn llifo allan o'r generadur. Mae maint y foltedd anwythol yn dibynnu ar y canlynol:

- cyfradd gylchdroi'r coil
- nifer y troadau yn y coil
- cryfder y maes magnetig.

Mae cyfeiriad y cerrynt anwythol yn dibynnu ar gyfeiriad cylchdro'r coil ac ar gyfeiriad y maes magnetig. Mae un ochr y coil gwifren yn symud i fyny am un hanner cylchdro, ac yna i lawr am hanner arall y cylchdro. Golyga hyn fod y cerrynt yn llifo i un cyfeiriad am hanner cylchdro ac yna mae'n llifo i'r cyfeiriad arall am yr hanner cylchdro arall. Mae rheol llaw dde Fleming yn ein galluogi i ddarganfod cyfeiriad go iawn y cerrynt.

8 Beth yw'r effaith ar y cerrynt anwythol sy'n cael ei gynhyrchu gan generadur c.e. pan mae'r newidiadau canlynol yn cael eu gwneud:
   (a) troi coiliau'r generadur yn gyflymach
   (b) lleihau cryfder y maes magnetig
   (c) cynyddu nifer y coiliau?
9 Mae Ffigur 9.8 yn dangos generadur c.e. syml. Nodwch gyfeiriad y cerrynt anwythol yn y wifren sydd wedi'i labelu A i B yn y coil.

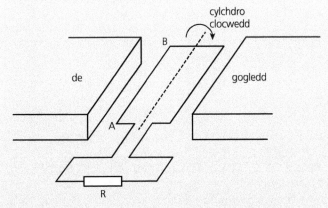

Ffigur 9.8

Atebion ar dudalen 121

# Newidyddion

Pan mae cerrynt trydanol yn llifo drwy wifren, mae'r wifren yn cynhesu. Y mwyaf yw'r cerrynt, y mwyaf yw'r effaith wresogi a'r mwyaf yw'r egni sy'n cael ei golli o'r wifren. Mae'r Grid Cenedlaethol yn gyfres o wifrau sy'n caniatáu i egni trydanol lifo o gwmpas y wlad, gan gysylltu gorsafoedd trydan â defnyddwyr. Pe bai'r cerrynt yng ngwifrau'r Grid Cenedlaethol yn rhy uchel, yna byddai'r Grid Cenedlaethol yn aneffeithlon iawn o safbwynt colli gwres. Er mwyn goresgyn y broblem hon, mae'r Grid Cenedlaethol yn trawsyrru trydan o gwmpas y wlad ar foltedd uchel, ond ar gerrynt isel. Mae hyn yn bosibl oherwydd bod y trydan yn cael ei drawsyrru fel cerrynt eiledol, sy'n gallu cael ei drawsnewid gan ddefnyddio anwythiad electromagnetig. Mae newidydd codi nodweddiadol i'w weld yn Ffigur 9.9.

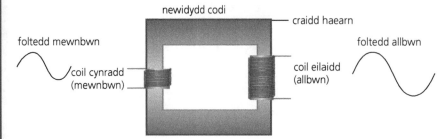

**Ffigur 9.9 Newidydd codi.**

Mae cerrynt eiledol yn y coil cynradd yn cynhyrchu maes magnetig newidiol yn y coil cynradd. Mae'r maes magnetig newidiol hwn yn cael ei gadw o fewn craidd haearn y newidydd, gan gysylltu â'r coil eilaidd. Mae'r maes magnetig newidiol o fewn y coil eilaidd yn anwytho foltedd yn y coil eilaidd, sy'n cynhyrchu cerrynt eiledol yn y coil eilaidd. Mae foltedd allbwn y newidydd yn dibynnu ar nifer y troadau ar y coiliau. Ar gyfer newidydd delfrydol (sy'n 100% effeithlon), dyma gymhareb y folteddau a nifer y troadau:

$$\frac{V_1}{V_2} = \frac{N_1}{N_2}$$

Mae newidyddion codi yn newid foltedd isel/cerrynt uchel i foltedd uchel/cerrynt isel ac mae newidyddion gostwng yn gwneud y gwrthwyneb.

**Enghraifft**

Mewn newidydd codi delfrydol (sy'n 100% effeithlon), mae 80 troad ar y coil cynradd, a 360 troad ar y coil eilaidd. Mae cyflenwad pŵer c.e. yn cyflenwi'r newidydd â foltedd 12V. Cyfrifwch y foltedd ar y coil eilaidd.

Ateb

$$\frac{V_1}{V_2} = \frac{N_1}{N_2} \Rightarrow V_2 = \frac{V_1 \times N_2}{N_1} = \frac{12 \times 360}{80} = 54 \text{ V}$$

10 Beth mae newidydd codi yn ei wneud i foltedd a cherrynt?

11 Mae newidydd gostwng wedi'i ddylunio i drawsnewid c.e. 220V y prif gyflenwad i c.e. 7V i wefru tabled. Mae 120 troad ar goil eilaidd y newidydd. Cyfrifwch nifer y troadau ar y coil cynradd.

12 Pam mae trydan yn cael ei drawsyrru fel cerrynt eiledol o gwmpas y wlad drwy'r Grid Cenedlaethol?

Atebion ar dudalen 121

## Crynodeb

- Mae magnetau bar, gwifrau syth a solenoidau i gyd yn cynhyrchu patrymau llinellau maes magnetig nodweddiadol.
- Caiff cryfder maes magnetig ei fesur mewn tesla, T, a chaiff ei bennu gan ddwysedd llinellau'r maes magnetig.
- Gall magnet a dargludydd sy'n cludo cerrynt weithredu grym ar y naill a'r llall (rydyn ni'n galw hyn yn effaith modur) a gallwn ni ddefnyddio rheol llaw chwith Fleming i ragfynegi cyfeiriad un o'r canlynol: y grym ar y dargludydd, y cerrynt a'r maes magnetig – pan roddir y ddau arall.
- Dyma'r hafaliad sy'n cysylltu'r grym ($F$) ar ddargludydd â chryfder y maes ($B$), y cerrynt ($I$) a hyd y dargludydd ($l$), pan mae'r maes a'r cerrynt ar ongl sgwâr i'w gilydd:

  $F = BIl$

- Mae'n bosibl rhagfynegi cyfeiriad cylchdroi modur c.u. syml drwy ddefnyddio rheol llaw chwith Fleming.
- Drwy gynyddu'r cerrynt, cryfder y maes magnetig neu nifer y troadau ar y modur, mae buanedd y modur yn cynyddu.

- Caiff foltedd ac, o ganlyniad, cerrynt ei anwytho mewn cylchedau gan newidiadau yn y meysydd magnetig a/neu symudiad gwifrau. Anwythiad electromagnetig yw'r enw ar yr effaith hon.
- Gallwn ni ddefnyddio anwythiad electromagnetig i esbonio sut mae generadur trydan c.e. syml yn gweithio. Drwy newid buanedd cylchdroi'r generadur, maint y maes magnetig a nifer y troadau ar y coil, bydd foltedd allbwn y newidydd yn cael ei newid.
- Caiff cyfeiriad y cerrynt anwythol mewn generadur ei bennu gan gyfeiriad y maes magnetig a chyfeiriad cylchdroi'r coil. Mae rheol llaw dde Fleming yn cysylltu'r ffactorau hyn.
- Mae newidyddion yn gweithio o ganlyniad i anwythiad electromagnetig gan feysydd magnetig eiledol.
- Mae allbwn newidydd delfrydol (100% effeithlon) yn dibynnu ar nifer y troadau ar y coiliau ac mae'r gwerthoedd hyn wedi'u cysylltu â'i gilydd fel hyn:

  $$\frac{V_1}{V_2} = \frac{N_1}{N_2}$$

## Cwestiynau enghreifftiol

1 Mae Ffigur 9.10 yn dangos gwifren yn cael ei symud rhwng polau magnet.

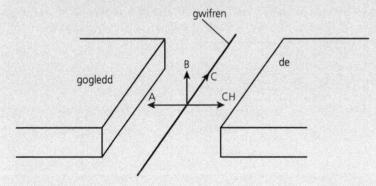

**Ffigur 9.10**

(a) Defnyddiwch y llythrennau A, B, C neu CH i gwblhau'r brawddegau yma:
   (i) Mae cyfeiriad y maes magnetig yn cael ei ddangos gan y llythyren...... [1]
   (ii) I gynhyrchu cerrynt, rhaid symud y wifren i gyfeiriad...... [1]
(b) Nodwch ddwy ffordd o wneud y cerrynt yn y wifren yn fwy. [2]

TGAU Ffiseg CBAC P3 Haen Sylfaenol Haf 2010 C2

2 Mae Ffigur 9.11 yn cynrychioli modur trydan syml sy'n cael ei ymchwilio gan ddisgybl mewn gwers. Mae'r cerrynt yn y coil yn llifo o W i Z. Mae'r diagram yn dangos hyn.

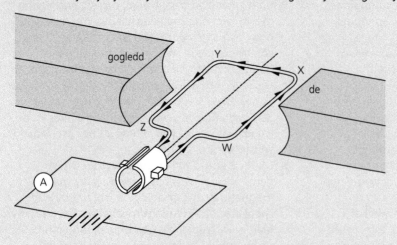

**Ffigur 9.11**

(a) (i) Esboniwch yn glir sut byddech chi'n defnyddio rheol llaw chwith Fleming i ganfod cyfeiriad y grym ar yr ochr YZ. [3]

(ii) Nodwch un newid y gallai'r myfyriwr ei wneud fel bod ochr YZ y coil yn symud i'r cyfeiriad dirgroes. [1]

(b) Nodwch ddau newid y gallai eu gwneud er mwyn i'r coil gylchdroi'n gyflymach. [2]

TGAU Ffiseg CBAC Uned 1: Trydan, egni a thonnau Haen Uwch DAE C2

---

**Cyngor**

Mewn cwestiynau fel Cwestiwn 3 (a), rhaid i chi gysylltu tri blwch ar un ochr â thri blwch ar yr ochr arall. Gwnewch yn siŵr nad ydych chi'n tynnu mwy nag un llinell o unrhyw un o'r blychau ar y chwith – byddwch chi'n colli un marc yn syth.

---

3 (a) Mae'r diagramau ar y chwith yn Ffigur 9.12 yn dangos cerrynt yn llifo mewn gwifrau â siapau gwahanol. Mae'r diagramau ar y dde yn dangos siapau'r meysydd magnetig sy'n cael eu cynhyrchu gan y cerrynt yn y gwifrau. Tynnwch linellau o'r diagramau ar y chwith at y siâp maes cywir ar y dde. [2]

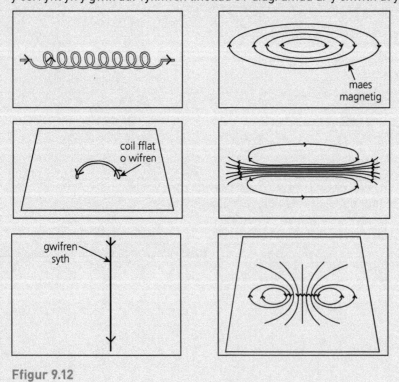

**Ffigur 9.12**

➡

(b) Defnyddiwch y geiriau o'r rhestr isod i labelu copi o'r diagram o fodur c.u. syml yn Ffigur 9.13. [3]

    brwsh carbon    magnet    modrwy hollt    coil o wifren

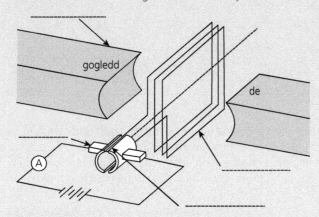

**Ffigur 9.13**

(c) Lluniadwch saeth ar eich diagram i ddangos cyfeiriad y maes magnetig (labelwch y saeth hon yn D). [1]

(ch) Nodwch ddwy ffordd o wneud i'r coil symud yn fwy araf. [2]

(d) Nodwch un ffordd o wrthdroi'r cyfeiriad mae'r coil yn cylchdroi. [1]

TGAU Ffiseg CBAC P3 Haen Sylfaenol Mai 2016 C1

4 (a) Nodwch sut mae adeiladwaith newidydd codi yn wahanol i adeiladwaith newidydd gostwng. [1]

(b) Mae Ffigur 9.14 yn dangos newidydd y gellir ei ddefnyddio ar gyfer ymchwiliad mewn labordy. Nodwch pa osodiadau A i D fyddai'n achosi i'r foltedd allbwn gynyddu. [2]

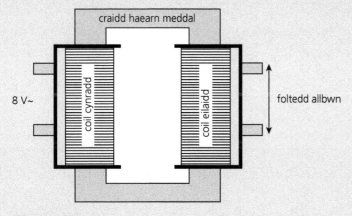

**Ffigur 9.14**

  A    cynyddu nifer y troadau ar y coil cynradd

  B    lleihau nifer y troadau ar y coil cynradd

  C    lleihau'r foltedd mewnbwn

 CH   cynyddu nifer y troadau ar y coil eilaidd

  D    lleihau nifer y troadau ar y coil eilaidd

(c) Esboniwch pam mae'n rhaid cael foltedd mewnbwn eiledol er mwyn i'r newidydd weithio. [2]

(ch) Mae ymchwiliad yn cael ei wneud i ddarganfod sut mae'r foltedd allbwn yn dibynnu ar nifer y troadau ar y coil eilaidd. Mae'r foltedd mewnbwn (8 V) a nifer y troadau ar y coil cynradd (200) yn cael eu cadw'n gyson drwy'r ymchwiliad. Mae canlyniadau'r ymchwiliad wedi cael eu cofnodi yn y tabl isod.

| Foltedd mewnbwn (V) | Troadau cynradd | Troadau eilaidd | Foltedd allbwn (V) |
|---|---|---|---|
| 8 | 200 | 50 | 2 |
| 8 | 200 | .................... | 4 |
| 8 | 200 | 150 | 6 |
| 8 | 200 | 200 | 8 |
| 8 | 200 | 300 | 12 |

(i) Copïwch a chwblhewch y tabl. [1]
(ii) Plotiwch graff o'r foltedd allbwn yn erbyn nifer y troadau eilaidd a thynnwch linell addas. [3]
(iii) Disgrifiwch y berthynas rhwng y foltedd allbwn a nifer y troadau eilaidd. [2]
(iv) Defnyddiwch y graff i ddarganfod nifer y troadau eilaidd sydd ei angen i roi foltedd allbwn o 5V. [1]
(v) Esboniwch sut byddai'r graff yn wahanol pe bai'r ymchwiliad yn cael ei ail-wneud gyda choil cynradd sy'n cynnwys 400 o droadau. [2]

TGAU Ffiseg CBAC P3 Haen Uwch Mai 2016 C1

## Atebion ar y wefan

GWEFAN

# 10 Pellter, buanedd a chyflymiad

## Disgrifio mudiant

ADOLYGU

Gallwn ni ddefnyddio'r mesurau canlynol i ddisgrifio mudiant gwrthrych:

- pellter (wedi'i fesur mewn metrau, m): pa mor bell mae'r gwrthrych yn teithio, neu pa mor bell yw'r gwrthrych o bwynt penodol
- amser (wedi'i fesur mewn eiliadau, s): y cyfwng amser rhwng dau ddigwyddiad neu'r amser ers i'r mudiant ddechrau
- buanedd (wedi'i fesur mewn metrau yr eiliad, m/s): mesur o ba mor gyflym neu araf mae'r gwrthrych yn symud. Gallwn ni ddefnyddio'r hafaliad canlynol i gyfrifo buanedd y gwrthrych:

$$\text{buanedd} = \frac{\text{pellter}}{\text{amser}}$$

- cyflymder (wedi'i fesur mewn metrau yr eiliad, m/s, i gyfeiriad penodol): mesur o ba mor gyflym neu araf mae'r gwrthrych yn symud i gyfeiriad penodol (e.e. chwith/dde, Gogledd/De), sef y buanedd i gyfeiriad penodol
- **cyflymiad** neu arafiad (wedi'i fesur mewn metrau yr eiliad yr eiliad, m/s$^2$): cyfradd cyflymu neu arafu'r gwrthrych, sef cyfradd newid cyflymder. Gallwn ni gyfrifo cyflymiad drwy ddefnyddio'r hafaliad:

$$\text{cyflymiad neu arafiad} = \frac{\text{newid mewn cyflymder}}{\text{amser}}$$

Mae buanedd yn fesur sgalar gan mai dim ond maint sydd ganddo; mae cyflymder yn fesur fector gan fod ganddo gyfeiriad yn ogystal â maint.

> **Cyflymiad** yw cyfradd newid cyflymder.

### Profi eich hun

PROFI

1 Cyfrifwch fuanedd ceffyl sy'n carlamu 200 m mewn 16 s.
2 Cyfrifwch gyflymiad y ceffyl os yw'n cymryd 5 s i fynd o ddisymudedd (0 m/s) i fod yn carlamu ar 12.5 m/s.

Atebion ar dudalen 121

## Graffiau mudiant

ADOLYGU

Gallwn ni ddefnyddio graffiau mudiant i ddisgrifio a dadansoddi mudiant gwrthrychau. Mae dau fath o graff mudiant: graffiau pellter–amser a graffiau cyflymder–amser.

### Graffiau pellter–amser

- Mae graff pellter–amser yn ein galluogi i fesur buanedd gwrthrych sy'n symud.
- Mae'r graff yn Ffigur 10.1 yn dangos gwrthrych yn symud oddi wrth bwynt cychwynnol ar fuanedd cyson o 6 m/s.
- Llinellau llorweddol syth sy'n cynrychioli gwrthrychau disymud.
- Goledd neu raddiant graff pellter–amser yw buanedd y gwrthrych.

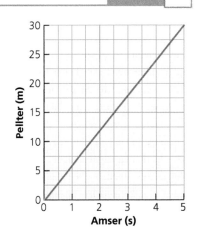

**Ffigur 10.1 Graff pellter–amser.**

## Graffiau cyflymder–amser

- Mae graff cyflymder–amser yn rhoi mwy o wybodaeth i ni na graff pellter–amser. Mae'r graff yn Ffigur 10.2 yn dangos gwrthrych sy'n:
  - disymud am 2 eiliad
  - cyflymu ar $3\,\text{m/s}^2$ am 2 eiliad
  - symud ar gyflymder cyson o $6\,\text{m/s}$ am 6 s.
- Goledd neu raddiant graff cyflymder–amser yw cyflymiad y gwrthrych.
- Y pellter mae'r gwrthrych wedi'i deithio yw'r arwynebedd o dan y graff cyflymder–amser (yn yr achos hwn, 42 m).

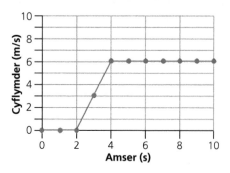

**Ffigur 10.2** Graff cyflymder–amser.

> **Cyngor**
>
> Mae angen i chi fod yn ofalus iawn wrth ddadansoddi a thynnu gwybodaeth o graff mewn cwestiwn. Mae llawer o fyfyrwyr yn gwneud camgymeriadau drwy ddarllen yr echelinau'n anghywir. Un dechneg dda i'ch helpu chi i fesur meintiau o graffiau yw defnyddio pensil miniog a phren mesur i luniadu canllawiau tenau iawn ar yr echelinau yn y mannau lle mae angen i chi gymryd darlleniad.

## Profi eich hun

PROFI

3 Brasluniwch graffiau pellter–amser ar gyfer y mudiannau canlynol:
 (a) gwrthrych sy'n symud ar fuanedd cyson o $6\,\text{m/s}$ am 5 eiliad
 (b) gwrthrych sy'n ddisymud, 20 m o arsylwr, am 5 s
 (c) gwrthrych sy'n symud ar fuanedd cyson o $10\,\text{m/s}$ am 20 eiliad, yna $5\,\text{m/s}$ am 20 s.
4 Brasluniwch graffiau cyflymder–amser ar gyfer y mudiannau canlynol:
 (a) gwrthrych sy'n ddisymud am 2 s, yna'n cyflymu ar $3\,\text{m/s}^2$ am 2 s, yna'n teithio ar fuanedd cyson o $6\,\text{m/s}$ am 6 s
 (b) gwrthrych sy'n teithio ar $9\,\text{m/s}$ i gychwyn ac yna'n arafu ar $3\,\text{m/s}^2$ am 3 s, yna'n cyflymu ar $2\,\text{m/s}^2$ am 4 s, yna'n teithio ar gyflymder cyson o $8\,\text{m/s}$ am 3 s
 (c) gwrthrych sy'n ddisymud i gychwyn, yna'n cyflymu ar $3\,\text{m/s}^2$ am 3 s, yna'n teithio ar gyflymder cyson o $9\,\text{m/s}$ am 4 s, yna'n arafu ar $3\,\text{m/s}^2$ am 3 s yn ôl i ddisymudedd
 (ch) gwrthrych sy'n teithio ar $6\,\text{m/s}$ am 3 s i gychwyn, yna'n cyflymu ar $2\,\text{m/s}^2$ am 1 s, yna'n parhau ar $8\,\text{m/s}$ am 1 s cyn arafu ar $2\,\text{m/s}^2$ am 4 s i ddisymudedd.

Atebion ar dudalennau 121–122

## Pellterau stopio

ADOLYGU

Dydy cerbydau ddim yn stopio ar unwaith – mae oediad amser rhwng i'r gyrrwr weld yr angen i stopio, er enghraifft perygl posibl, ac i'r cerbyd stopio. Yn ystod y cyfnod hwn, mae'r cerbyd yn dal i deithio ar fuanedd, felly mae'n teithio drwy bellter. Mae cyfanswm pellter stopio cerbyd yn cynnwys y 'pellter meddwl' a'r 'pellter brecio'.

- Y pellter meddwl yw'r pellter mae'r cerbyd yn ei deithio yn yr amser mae'r gyrrwr yn gweld y perygl, yn meddwl am frecio ac yna'n ymateb drwy ddefnyddio'r brêc.
- Y pellter brecio yw'r pellter mae'r cerbyd yn ei symud tra mae'r brêc yn cael ei ddefnyddio ac mae'r cerbyd yn arafu i $0\,\text{m/s}$.

cyfanswm pellter stopio = pellter meddwl + pellter brecio

Atebion i'r cwestiynau enghreifftiol: **www.hoddereducation.co.uk/fynodiadauadolygu**

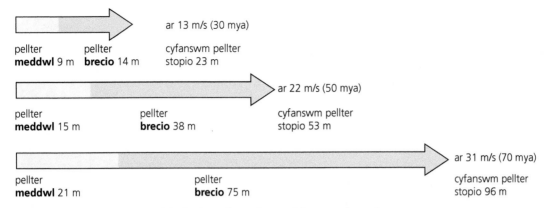

ar 13 m/s (30 mya)

pellter **meddwl** 9 m   pellter **brecio** 14 m   cyfanswm pellter stopio 23 m

ar 22 m/s (50 mya)

pellter **meddwl** 15 m   pellter **brecio** 38 m   cyfanswm pellter stopio 53 m

ar 31 m/s (70 mya)

pellter **meddwl** 21 m   pellter **brecio** 75 m   cyfanswm pellter stopio 96 m

**Ffigur 10.3** Pellterau meddwl a brecio ar fuaneddau gwahanol (o Reolau'r Ffordd Fawr).

## Ffactorau sy'n effeithio ar bellterau stopio

Mae'r pellter meddwl yn dibynnu ar nifer o ffactorau gwahanol, gan gynnwys:
- cyflymder y car
- amser adweithio'r gyrrwr (sy'n dibynnu ar flinder, yfed alcohol, a.y.b.)
- ydy rhywbeth wedi tynnu sylw'r gyrrwr ai peidio, er enghraifft clywed ffôn symudol yn canu.

Mae'r pellter brecio hefyd yn dibynnu ar nifer o ffactorau:
- cyflymder y car
- màs y car
- cyflwr y breciau
- cyflwr y teiars
- cyflwr arwyneb y ffordd
- y tywydd.

## Stopio'n ddiogel

Pan mae car yn stopio'n gyflym iawn, er enghraifft mewn gwrthdrawiad, er mwyn rhoi cyn lleied o anafiadau â phosibl i'r teithwyr, y ffactor allweddol yw lleihau'r grymoedd sy'n gweithredu arnyn nhw. Mae gwneuthurwyr ceir wedi adeiladu systemau diogelwch mewn ceir modern i leihau'r grymoedd hyn: gwregysau diogelwch, bagiau aer a chywasgrannau.

Ail ddeddf Newton (tudalen 82) yw:

$$\text{grym cydeffaith, } F \text{ (N)} = \frac{\text{newid mewn momentwm, } p \text{ (kg m/s)}}{\text{amser y newid, } t \text{ (s)}}$$

$$F = \frac{\Delta p}{t}$$

Mae dwy ffordd o leihau'r grym ar y teithwyr:
1 drwy leihau buanedd y gwrthdrawiad ac felly lleihau'r newid yn y momentwm
2 drwy gynyddu amser y gwrthdrawiad.

Mae'r tair system ddiogelwch sy'n cael eu nodi uchod yn gweithio drwy gynyddu amser y gwrthdrawiad – drwy ganiatáu i rywbeth gael ei anffurfio yn ystod y gwrthdrawiad. Mae gwregysau diogelwch yn estyn; bagiau aer yn dadchwythu'n araf; cywasgrannau yn cywasgu i mewn ar eu hunain.

5 Beth yw'r gwahaniaeth rhwng pellter meddwl a phellter brecio?
6 Rhestrwch dair ffactor sy'n effeithio ar y pellter meddwl.
7 Sut mae gwregysau diogelwch yn lleihau grym ardrawiad ar y gyrrwr?

Atebion ar dudalen 122

### Mesurau rheoli traffig

Mae'n bosibl rheoli cyflymder traffig ar hyd ffordd drwy osod terfynau cyflymder. Fel arfer, y terfyn cyflymder mewn ardaloedd trefol yw 30 m.y.a, a'r terfyn cyflymder cenedlaethol ar ffyrdd lôn sengl yw 60 m.y.a. a 70 m.y.a. ar ffyrdd deuol a thraffyrdd. Er mwyn arafu traffig ymhellach, yn enwedig o gwmpas ysgolion ac ardaloedd preswyl, mae'n bosibl gosod twmpathau cyflymder, sy'n gorfodi gyrwyr i arafu wrth iddyn nhw yrru dros y twmpathau.

### Crynodeb

- Mae buanedd yn mesur pa mor gyflym mae gwrthrych yn symud:

$$\text{buanedd} = \frac{\text{pellter}}{\text{amser}}$$

- Mesur sgalar yw buanedd gan mai dim ond maint sydd ganddo.
- Mae cyflymder yn fector ac mae ganddo gyfeiriad yn ogystal â maint.
- Caiff cyflymder ei fesur mewn metrau yr eiliad, i gyfeiriad penodol.
- Cyflymiad yw cyfradd newid cyflymder. Mae gwrthrychau sy'n mynd yn gyflymach yn cyflymu, ac mae gwrthrychau sy'n mynd yn arafach yn arafu:

$$\text{cyflymiad neu arafiad} = \frac{\text{newid mewn cyflymder}}{\text{amser}}$$

- Unedau cyflymiad yw metrau yr eiliad wedi'u sgwario, $m/s^2$.
- Ar graffiau pellter–amser, caiff gwrthrychau disymud eu dangos gan linellau syth, gwastad a chaiff gwrthrychau sy'n teithio ar gyflymder cyson eu dangos gan linellau syth ar oledd.
- Gallwn ni ganfod buanedd gwrthrych drwy fesur graddiant neu oledd y graff.
- Ar graffiau cyflymder–amser, mae llinell syth a gwastad yn dynodi gwrthrych sy'n teithio ar gyflymder cyson ac mae llinell syth ar oledd tuag i fyny yn dynodi gwrthrych sy'n cyflymu. Mae llinell syth ar oledd tuag i lawr yn dynodi gwrthrych sy'n arafu.
- Gallwn ni ganfod y cyflymiad drwy fesur graddiant neu oledd y graff cyflymder–amser.
- Yr arwynebedd o dan y graff cyflymder–amser yw'r pellter sydd wedi'i deithio.
- Mae pellter stopio cerbyd yn ddiogel yn dibynnu ar amser adweithio'r gyrrwr (sy'n effeithio ar y pellter meddwl) a phellter brecio'r cerbyd.
- Mae mesurau rheoli traffig yn cynnwys terfynau cyflymder a thwmpathau cyflymder.

### Cwestiynau enghreifftiol

1 Yn ystod profion ar y ffordd, mae tri char yn cael eu profi i ddarganfod pa mor hir maen nhw'n ei gymryd i gyflymu o 0 i 60 m.y.a. (27 m/s). Mae'r canlyniadau i'w gweld yn y tabl.

| Car | Amser i gyrraedd 60 m.y.a. o ddisymudedd |
|-----|-------------------------------------------|
| W | 5 |
| X | 8 |
| Y | 9 |

(a) Nodwch pa gar, W, X neu Y, sydd â'r cyflymiad lleiaf. [1]
(b) Mae cyflymder o 60 m.y.a. yr un fath â chyflymder o 27 m/s. Dewiswch hafaliad addas a'i ddefnyddio i gyfrifo cyflymiad car Y yn ystod y prawf mewn $m/s^2$. [3]

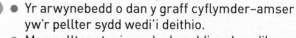

TGAU Ffiseg CBAC P3 Haen Sylfaenol Haf 2009 C2

2 Ar reid mewn parc thema, mae grŵp o bobl yn cael eu codi mewn cerbyd ac yna'u gollwng o uchder. Mae'r graff yn Ffigur 10.4 yn dangos mudiant reid fel hyn.

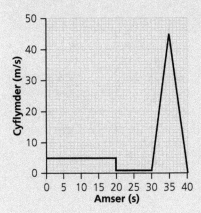

**Ffigur 10.4**

(a) Disgrifiwch fudiant y cerbyd yn yr 20 s cyntaf. [1]

(b) Dewiswch hafaliad addas a'i ddefnyddio i ddarganfod cyflymiad y cerbyd rhwng 30 s a 35 s. [2]

TGAU Ffiseg CBAC P2 Haen Uwch Haf 2009 C3

3 Mae car yn mynd heibio i lori. Wrth wneud hynny mae'r car yn cyflymu ac, ar ôl mynd heibio'n ddiogel, mae'n dychwelyd i'w fuanedd gwreiddiol. Mae'r graff yn Ffigur 10.5 yn cynrychioli mudiant y car wrth fynd heibio i'r lori.

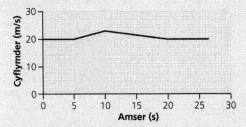

**Ffigur 10.5**

(a) Dewiswch a defnyddiwch hafaliad addas, ynghyd â data o'r graff, i gyfrifo cyflymiad y car wrth fynd heibio. [4]

(b) Disgrifiwch yn glir beth mae'r arwynebedd sydd wedi ei dywyllu ar y graff yn ei gynrychioli. [2]

(c) Defnyddiwch y data o'r graff i gyfrifo'r pellter mae'r car wedi ei deithio rhwng 10 s a 20 s. [3]

TGAU Ffiseg CBAC P3 Haen Uwch Haf 2008 C2

4 Mae cyfanswm pellter stopio car wedi'i wneud o ddwy ran: pellter meddwl a phellter brecio. Ar fuanedd o 20 m/s, mae Rheolau'r Ffordd Fawr yn nodi mai 12 m yw pellter meddwl car a 40 m yw ei bellter brecio.

(a) Defnyddiwch hafaliad addas i ddarganfod yr amser meddwl ar gyfer gyrrwr. [2]

(b) Cwblhewch y tabl isod. Mae rhai blychau wedi eu cwblhau i chi. [3]

| Cyflwr | Effaith ar y pellter meddwl | Effaith ar y pellter brecio | Effaith ar y cyfanswm pellter stopio |
|---|---|---|---|
| Breciau gwael | Dim newid | Yn cynyddu | Yn cynyddu |
| Gyrrwr o dan ddylanwad alcohol | | | Yn cynyddu |
| Gyrrwr yn gyrru ar fuanedd is | Yn lleihau | | |
| Heol wlyb | | Yn cynyddu | |

TGAU Ffiseg CBAC P2 Haen Sylfaenol Haf 2010 C5

**Atebion ar y wefan**

GWEFAN

# 11 Deddfau Newton

## Inertia a deddf mudiant gyntaf Newton

ADOLYGU

Màs gwrthrych sy'n pennu pa mor hawdd (neu anodd) yw hi i wrthrych symud neu newid ei fudiant. **Inertia** yw'r enw ar allu gwrthrych i wrthsefyll newid yn ei gyflwr, boed hynny'n fudiant neu'n ddisymudedd. Mae llawer o inertia gan wrthrychau masfawr fel yr Orsaf Ofod Ryngwladol. Mae angen grym mawr iawn i newid eu mudiant.

> **Inertia** yw gallu gwrthrych i wrthsefyll newid yn ei fudiant.

### Deddf gyntaf Newton

Yn 1687, sylweddolodd Isaac Newton fod yna gysylltiad rhwng mudiant gwrthrych a'r grym arno. Mae ei ddeddf mudiant gyntaf yn crynhoi hyn. Ar y Ddaear, mae'n anodd iawn arsylwi deddf gyntaf Newton, gan fod ffrithiant yn gweithredu drwy'r amser i wrthwynebu mudiant gwrthrych.

> 'Mae gwrthrych disymud yn aros yn ddisymud, neu mae gwrthrych sy'n symud yn parhau i symud â buanedd cyson ac i'r un cyfeiriad, oni bai bod grym anghytbwys yn gweithredu arno.'

## Grymoedd cydeffaith ac ail ddeddf mudiant Newton

ADOLYGU

Pan mae nifer o rymoedd yn gweithredu ar wrthrych ar yr un pryd, maen nhw naill ai'n canslo ei gilydd (grymoedd cytbwys), neu maen nhw'n cyfuno â'i gilydd i gynhyrchu grym cydeffaith (anghytbwys). Mae Ffigur 11.1 yn dangos dau rym yn gweithredu ar lori. Mae'r ddau rym yn cyfuno â'i gilydd i greu grym cydeffaith unigol o 800 N i gyfeiriad y mudiant.

- Mae grym cydeffaith yn gweithredu ar wrthrych yn achosi newid yn ei fudiant. (Bydd y lori'n cyflymu.)
- Mae grymoedd cytbwys yn gwneud i wrthrych aros yn ddisymud neu symud ar fuanedd cyson.

Mewn arbrofion mae maint y cyflymiad yn cynyddu wrth i'r grym cydeffaith ar wrthrych gynyddu. Wrth ddyblu'r grym cydeffaith, mae'r cyflymiad yn dyblu. Mae'r grym cydeffaith a'r cyflymiad mewn cyfrannedd â'i gilydd. Wrth edrych yn fanylach ar graff grym cydeffaith yn erbyn cyflymiad, gwelwn fod graddiant y llinell yn hafal i fàs y gwrthrych.

Drwy fynegi hyn ar ffurf hafaliad geiriau, gallwn ni ddweud bod:

grym cydeffaith, $F$ (N) = màs, $m$ (kg) × cyflymiad, $a$ (m/s$^2$)

$$F = ma$$

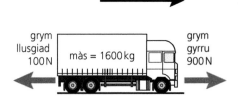

Ffigur 11.1 Grymoedd anghytbwys.

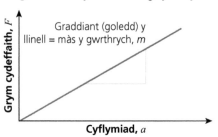

Ffigur 11.2 Mae graff grym cydeffaith yn erbyn cyflymiad yn llinell syth.

## Profi eich hun

PROFI

1 Mae lori, â màs 1600 kg, yn cychwyn o ddisymudedd ac yn cyflymu i 20 m/s mewn 40 s. Cyfrifwch ei:
   (a) cyflymiad
   (b) grym cydeffaith.
2 Nodwch:
   (a) deddf mudiant gyntaf Newton
   (b) ail ddeddf mudiant Newton.

Atebion ar dudalen 122

# Gwrthrychau sy'n disgyn

ADOLYGU

Mae màs gwrthrych yn mesur faint o fater (stwff) sydd yn y gwrthrych. Mae màs, *m*, yn cael ei fesur mewn cilogramau, kg. Pwysau gwrthrych yw grym disgyrchiant yn gweithredu ar fàs y gwrthrych. Mae pwysau'n cael ei fesur mewn newtonau, N. Ar arwyneb y Ddaear, pwysau gwrthrych 1 kg yw tua 10 N. Gallwn ni gyfrifo pwysau unrhyw wrthrych ar arwyneb y Ddaear drwy luosi ei fàs, mewn kg, â 10. Felly, pwysau lori 1600 kg yw 16 000 N.

pwysau (N) = màs (kg) × cryfder maes disgyrchiant (N/kg)

Wrth i wrthrych, e.e. parasiwtydd, ddisgyn, mae'r pwysau'n aros yn gyson. I ddechrau, yr unig rym (cydeffaith) ar y parasiwtydd yw ei phwysau, felly mae'n cyflymu tuag i lawr. Wrth iddi gyflymu, mae grym y gwrthiant aer sy'n gweithredu arni tuag i fyny yn cynyddu. Yn y pen draw, mae'n hafal a dirgroes i'w phwysau – mae'r ddau rym yn hafal o ran maint ond yn gweithredu i gyfeiriadau dirgroes, felly maen nhw'n gytbwys. Mae'r parasiwtwydd yn parhau i ddisgyn, ond ar fuanedd (terfynol) cyson.

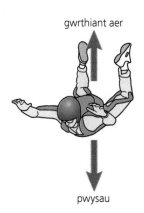

gwrthiant aer

pwysau

**Figure 11.3** Mae grymoedd cytbwys yn golygu bod gwrthrych sy'n symud yn teithio ar fuanedd cyson.

Profi eich hun — PROFI

3 Cyfrifwch bwysau parasiwtydd 80 kg ar y Ddaear, os yw *g* = 10 N/kg.
4 Esboniwch pam bydd parasiwtydd yn cyflymu i gychwyn, pan mae'n neidio allan o awyren.
5 Esboniwch pam bydd parasiwtydd yn disgyn ar fuanedd terfynol yn y pen draw.

Atebion ar dudalen 122

# Parau rhyngweithio

ADOLYGU

Mae grymoedd rhwng dau wrthrych bob amser yn gweithio mewn parau. Mae'r grym ar un gwrthrych yn cael ei alw'n rym arwaith; mae'r grym ar y gwrthrych arall yn cael ei alw'n rym adwaith. Gyda'i gilydd, maen nhw'n ffurfio pâr rhyngweithio. Mae'r grym arwaith a'r grym adwaith yn hafal ac yn ddirgroes. Ond dydyn nhw ddim yn canslo ei gilydd gan eu bod yn gweithredu ar wrthrychau gwahanol. Yr enw ar hyn yw trydedd ddeddf mudiant Newton:

'I bob grym arwaith, mae yna rym adwaith hafal a dirgroes.'

Er enghraifft, yn Ffigur 11.4, mae rhai chwaraewyr rygbi'n ymarfer sgrymio yn erbyn peiriant sgrym statig ac maen nhw'n gwthio â grym cyfunol o 500 N (y grym arwaith). Mae trydedd ddeddf mudiant Newton yn golygu bod y peiriant sgrym yn gweithredu grym adwaith o 500 N ar y chwaraewyr i'r cyfeiriad dirgroes.

grym arwaith y chwaraewyr ar y peiriant

grym adwaith y peiriant ar y chwaraewyr

**Ffigur 11.4** Mae'r grymoedd arwaith ac adwaith yn hafal a dirgroes.

Mae rhai grymoedd (fel y rhai sydd ar waith mewn sgrym) yn rymoedd cyffwrdd: mae'n rhaid i'r ddau wrthrych ddod i gysylltiad â'i gilydd i weithredu'r grym. Grymoedd 'arwaith o bellter' yw grymoedd eraill, er enghraifft disgyrchiant, neu'r grymoedd sy'n cael eu gweithredu gan feysydd trydanol neu fagnetig. Wrth ystyried parau rhyngweithio, mae angen i chi gofio hyn:

1 Mae'r ddau rym yn y pâr yn gweithredu ar wrthrychau gwahanol.
2 Mae'r ddau rym yn hafal o ran maint, ond yn gweithredu i gyfeiriadau dirgroes.
3 Mae'r ddau rym bob amser yr un math, er enghraifft, grymoedd cyffwrdd neu rymoedd disgyrchol.

## Profi eich hun

6 Nodwch drydedd ddeddf mudiant Newton.
7 Yn ystod tacl rygbi, mae taclwr yn rhoi grym o 200 N ar chwaraewr sydd wedi cael ei daclo.
   (a) Beth yw maint y grym mae'r chwaraewr sydd wedi'i daclo yn ei roi ar y taclwr?
   (b) I ba gyfeiriad mae'r grym yn (a) yn gweithredu?
   (c) Pa fath o rymoedd yw'r rhai yn y cwestiwn hwn?

Atebion ar dudalen 122

### Cyngor

Os cewch chi ddiagram sy'n dangos sawl pâr o rymoedd rhyngweithio, mae amlygu'r parau unigol yn syniad da. Mae hyn yn ei gwneud yn haws i chi eu dadansoddi dan bwysau arholiad.

## Crynodeb

- Mae màs gwrthrych yn effeithio ar ba mor hawdd neu anodd yw newid symudiad y gwrthrych hwnnw. Mae gan gyrff masfawr symiau mawr o inertia, felly mae angen grym mawr i newid eu mudiant, neu i wneud iddyn nhw symud os ydyn nhw'n ddisymud.
- Mae deddf mudiant gyntaf Newton yn nodi bod gwrthrych disymud yn aros yn ddisymud neu fod gwrthrych sy'n symud yn dal i symud ar yr un buanedd ac i'r un cyfeiriad os nad oes grym anghytbwys yn gweithredu arno.
- Mae ail ddeddf mudiant Newton yn dweud bod: grym = màs × cyflymiad; hynny yw, mae cyflymiad gwrthrych mewn cyfrannedd union â'r grym cydeffaith ac mewn cyfrannedd gwrthdro â màs y gwrthrych.
- Pwysau yw grym disgyrchiant yn gweithredu ar fàs gwrthrych.
- Ar arwyneb y Ddaear, mae 1 kg o fàs yn pwyso 10 N; yr enw ar hyn yw'r cryfder maes disgyrchiant, g.

- Pan mae gwrthrych yn disgyn drwy'r awyr, i gychwyn mae'n cyflymu ac mae ei fuanedd yn cynyddu gan fod grym disgyrchiant yn gweithredu arno. Fodd bynnag, yna mae grym ffrithiant (gwrthiant aer) yn cynyddu, gan achosi i'r cyflymiad leihau. Yn y pen draw, mae grym gwrthiant aer yn hafal i bwysau'r gwrthrych a dywedwn ei fod yn disgyn ar ei gyflymder terfynol (cyson).
- Mae trydedd ddeddf Newton yn dweud: Mewn rhyngweithiad rhwng dau wrthrych, A a B, mae'r grym mae corff A yn ei roi ar gorff B yn hafal i'r grym mae corff B yn ei roi ar gorff A, ond i'r cyfeiriad dirgroes.
- Gyda'i gilydd, mae'r grym arwaith a'r grym adwaith yn ffurfio pâr rhyngweithio.
- Gall grymoedd fod yn rymoedd 'cyffwrdd', lle mae'n rhaid i'r gwrthrychau ddod i gysylltiad â'i gilydd er mwyn gweithredu'r grym, neu gallan nhw fod yn rymoedd 'arwaith o bellter', fel grymoedd disgyrchiant neu rymoedd electromagnetig.

# Cwestiynau enghreifftiol

1  Mae'r diagram yn Ffigur 11.3 yn dangos dau rym yn gweithredu ar barasiwtydd. Dewiswch y cymal cywir ym mhob set o gromfachau yn y brawddegau canlynol.

   (a) Pan mae'r parasiwtydd yn cyflymu, mae'r gwrthiant aer yn [fwy na / hafal i / llai na] y pwysau.  [1]

   (b) Pan mae'r parsiwtydd yn disgyn ar y buanedd terfynol, mae'r gwrthiant aer yn [fwy na / hafal i / llai na] y pwysau.  [1]

   (c) Pan mae'r parasiwt yn cael ei agor, mae'r gwrthiant aer yn [mynd yn fwy / aros yr un fath / mynd yn llai] ac mae'r parasiwtydd yn [mynd yn ôl i fyny / aros yn yr un lle / parhau i ddisgyn].  [2]

   *TGAU Ffiseg CBAC P2 Haen Sylfaenol Ionawr 2009 C2*

2  Mae Ffigur 11.5 yn dangos roced brawf ar ei phad lansio. Mae'r roced yn cael ei phweru gan 3 pheiriant, ac mae pob un o'r 3 yn cynhyrchu gwthiad o 2000 N. Màs y roced a'i thanwydd yw 500 kg, felly ei phwysau yw 5000 N.

cyfanswm y gwthiad o'r peiriannau

pwysau'r roced a'r tanwydd

**Ffigur 11.5**

   (a) Pan fydd y peiriannau'n cael eu tanio:
      (i)  cyfrifwch gyfanswm y gwthiad ar y roced  [1]
      (ii) esboniwch pam mae'r roced yn symud tuag i fyny  [1]
      (iii) cyfrifwch y grym cydeffaith ar y roced.  [1]
      (iv) Dewiswch a defnyddiwch hafaliad addas i gyfrifo cyflymiad y roced wrth iddi ddechrau codi.  [3]
   (b) Ar ôl 2 s, mae peiriannau'r roced wedi defnyddio 20 kg o danwydd. Gan dybio bod gwthiad y peiriannau'n gyson, cyfrifwch:
      (i)  màs y roced a'r tanwydd ar ôl 2 s  [1]
      (ii) y grym cydeffaith mewn newtonau ar y roced ar ôl 2 s  [1]
      (iii) cyflymiad y roced ar ôl 2 s.  [1]
   (c) Gan dybio bod gwthiad y peiriannau'n gyson, esboniwch pam mae cyflymiad y roced yn parhau i gynyddu tra bod y peiriannau'n tanio.  [2]

   *TGAU Ffiseg CBAC P2 Haen Uwch Ionawr 2010 C4*

3  Mae plymiwr awyr â màs 60 kg yn pwyso 600 N.
   (a) Mae'r rhestr ar y chwith yn rhoi gosodiadau am y grymoedd sy'n gweithredu ar blymiwr sy'n disgyn drwy'r awyr. Mae'r rhestr ar y dde'n rhoi pump effaith bosibl y gall y grymoedd hyn gael ar fudiant y plymiwr. Tynnwch linell o bob blwch ar y chwith at y blwch cywir ar y dde.  [3]

→

| Mae'r gwrthiant aer yn fwy na'r pwysau. | Mae'r plymiwr awyr yn arafu. |
|---|---|
| Mae'r gwrthiant aer yn hafal i'r pwysau. | Mae'r plymiwr awyr yn symud tuag i fyny. |
| Mae'r pwysau'n fwy na'r gwrthiant aer. | Mae'r plymiwr awyr yn cyflymu. |
| | Mae'r plymiwr awyr yn disgyn ar fuanedd cyson. |
| | Mae'r plymiwr awyr yn stopio. |

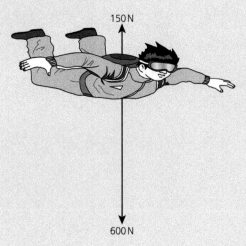

150 N

600 N

**Ffigur 11.6**

**(b)** Mae Ffigur 11.6 yn dangos y grymoedd sy'n gweithredu ar y plymiwr awyr ar un pwynt wrth iddo ddisgyn.

   **(i)** Cyfrifwch y grym cydeffaith sy'n gweithredu ar y plymiwr awyr. [1]

   **(ii)** Dewiswch a defnyddiwch hafaliad addas i gyfrifo'r cyflymiad sy'n cael ei gynhyrchu gan y grym cydeffaith hwn. [2]

**(c)** Mae'r graff yn Ffigur 11.7 yn dangos sut mae'r buanedd yn newid ag amser ar gyfer y plymiwr awyr. Dewiswch lythrennau o'r graff i gwblhau'r datganiadau canlynol.

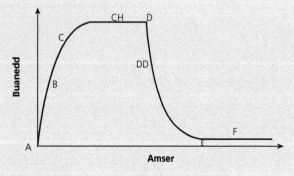

**Ffigur 11.7**

   **(i)** Y pwynt lle mae'r plymiwr awyr yn agor y parasiwt yw ..... [1]

   **(ii)** Mae'r plymiwr awyr ar ei fuanedd terfynol â'r parasiwt ar agor yn ..... [1]

   **(iii)** Disgrifiwch ac esboniwch fudiant y plymiwr awyr yn nhermau grymoedd. Dylech chi gynnwys yn eich ateb:

     • y math o fudiant ym mhob rhan

     • y grymoedd sy'n gweithredu ym mhob rhan a sut maen nhw'n cymharu. [6 AAE]

TGAU Gwyddoniaeth Ychwanegol/Ffiseg CBAC P2 Haen Sylfaenol Mai 2016 C1 a Haen Uwch C6(b)

**Atebion ar y wefan**

GWEFAN

Atebion i'r cwestiynau enghreifftiol: **www.hoddereducation.co.uk/fynodiadauadolygu**

# 12 Gwaith ac egni

## Gwaith

ADOLYGU

Pan mae grym yn gwneud i wrthrych symud, neu pan mae'n gweithredu ar wrthrych sy'n symud, mae egni'n cael ei drosglwyddo. Mae'r grym yn symud drwy bellter ac mae egni'n cael ei drosglwyddo fel **gwaith**, wedi'i fesur mewn joules, J.

> Mae **gwaith** yn fesur o'r egni sy'n cael ei drosglwyddo.

Gallwn ni gyfrifo'r gwaith sy'n cael ei wneud drwy ddefnyddio:

gwaith = grym × pellter symud i gyfeiriad y grym

$W = Fd$

Er enghraifft, mewn rygbi, mae'r chwaraewyr sy'n codi'r neidiwr mewn lein rygbi yn rhoi grym tuag i fyny, gan symud y neidiwr drwy bellter.

Os yw'r grym codi yn 1000 N a'r chwaraewr yn cael ei godi drwy 1.5 m, yna'r gwaith sy'n cael ei wneud yw:

$W = Fd = 1000 \times 1.5 = 1500$ J

Mae'r gwaith sy'n cael ei wneud yn fesur o'r egni sy'n cael ei drosglwyddo. Ond bydd y gwaith sy'n cael ei wneud yn hafal i gyfanswm yr egni sy'n cael ei drosglwyddo dim ond os nad oes unrhyw egni'n cael ei golli ar ffurf gwres i'r amgylchoedd (drwy wrthiant aer neu ffrithiant).

grym, *F*

pellter symud, *d*

**Ffigur 12.1 Mae'r grym, *F*, yn symud drwy bellter, *d*.**

## Egni potensial disgyrchiant

ADOLYGU

Pan mae gwrthrych fel pêl yn cael ei daflu neu ei gicio'n fertigol, mae màs y bêl, *m*, yn cael ei symud yn erbyn cryfder maes disgyrchiant y Ddaear, *g*, drwy newid yn ei uchder, *h*, ac mae'n ennill egni potensial disgyrchiant, EP.

egni potensial disgyrchiant (EP) = màs, *m* (kg) × cryfder maes disgyrchiant, *g* (N/kg) × newid mewn uchder, *h* (m)

$EP = mgh$

### Profi eich hun

PROFI

1 Cyfrifwch egni potensial disgyrchiant pêl rygbi 0.44 kg sy'n cael ei chicio'n fertigol tuag i fyny at uchder o 20 m. Mae'r cryfder maes disgyrchiant yn *g* = 10 N/kg.

2 Mae chwaraewr rygbi â màs 100 kg yn cael ei godi mewn lein, gan ennill 1500 J o egni potensial disgyrchiant. Cyfrifwch yr uchder mae'n cael ei godi. Mae'r cryfder maes disgyrchiant yn *g* = 10 N/kg.

Atebion ar dudalen 122

## Egni cinetig

ADOLYGU

Pan mae chwaraewyr yn rhedeg â'r bêl, mae eu cyhyrau'n trawsnewid egni cemegol o'u bwyd yn egni cinetig, EC (egni symudiad). Gallwn ni gyfrifo egni cinetig unrhyw wrthrych sy'n symud drwy ddefnyddio'r hafaliad:

egni cinetig (J) = $\frac{1}{2}$ × màs, *m* (kg) × (cyflymder, *v*)² (m/s)²

$EC = \frac{1}{2}mv^2$

> **Cyngor**
>
> Mae'r hafaliad ar gyfer egni cinetig yn anarferol gan ei fod yn cynnwys y cyflymder wedi'i sgwario, $v^2$. Un camgymeriad cyffredin yw anghofio sgwario'r cyflymder. Sgwariwch y cyflymder yn gyntaf, yna lluosi â'r màs a 0.5.

## Profi eich hun

3 Mae chwaraewr rygbi'n gallu rhedeg â phêl rygbi ar gyflymder cymedrig o tua 10 m/s. Mae ganddo fàs o 80 kg. Wrth redeg ar 10 m/s, beth yw ei egni cinetig?

4 Mae pêl rygbi â màs 0.44 kg yn cael ei phasio o un chwaraewr i chwaraewr arall ag egni cinetig o 2 J. Cyfrifwch gyflymder cymedrig y bêl.

Atebion ar dudalen 122

## Cyfanswm yr egni

Pan mae gwrthrychau fel peli rygbi'n symud, mae egni potensial disgyrchiant ac egni cinetig yn rhyngweithio â'i gilydd. Mae cyfanswm egni'r bêl yn aros yn gyson, gan dybio nad oes dim egni'n cael ei golli drwy wrthiant aer neu ffrithiant.

cyfanswm egni = egni potensial disgyrchiant + egni cinetig

cyfanswm egni = EP + EC

Mae Ffigur 12.2 yn dangos y trawsnewidiadau egni yn ystod hediad pêl ar ôl iddi gael ei chicio tuag i fyny.

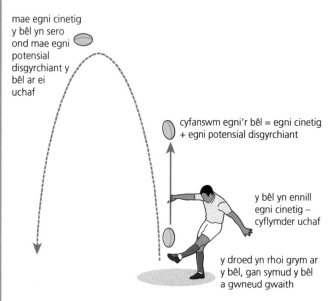

mae egni cinetig y bêl yn sero ond mae egni potensial disgyrchiant y bêl ar ei uchaf

cyfanswm egni'r bêl = egni cinetig + egni potensial disgyrchiant

y bêl yn ennill egni cinetig – cyflymder uchaf

y droed yn rhoi grym ar y bêl, gan symud y bêl a gwneud gwaith

**Ffigur 12.2** Egni cinetig ac egni potensial disgyrchiant yn rhyngweithio wrth gicio pêl i'r awyr.

### Cyngor

Mae cwestiynau'n ymwneud â rhyngweithiad egni potensial disgyrchiant ac egni cinetig yn aml yn codi mewn arholiadau. Fel arfer, maen nhw'n sôn am reidiau yn y ffair, sgiwyr, neu feiciau'n mynd i lawr llethrau. Dylech chi roi tro ar gynifer â phosibl o'r mathau hyn o gwestiynau, er mwyn ymarfer cyfnewid y ddau fath o egni a gwneud y cyfrifiadau.

## Storio egni mewn sbringiau

Pan mae grymoedd yn gweithredu ar sbringiau, maen nhw'n gallu estyn (mynd yn hirach) neu gywasgu (mynd yn fyrrach). Mae estyniad (neu gywasgiad) y sbring yn dibynnu ar ystwythder y sbring (drwy werth o'r enw cysonyn sbring, $k$) a'r grym dan sylw. Mae'r grym, $F$ (mewn N), y cysonyn sbring, $k$ (mewn N/$m$) a'r estyniad (neu gywasgiad), $x$ (mewn m) yn perthyn i'w gilydd drwy ddefnyddio'r hafaliad:

grym, $F$ = cysonyn sbring, $k$ × estyniad, $x$

$$F = kx$$

Mae angen llawer iawn o rym i estyn (neu i gywasgu) sbringiau anystwyth iawn ac mae ganddyn nhw gysonion sbring uchel iawn. Mae graff grym yn erbyn estyniad ar gyfer sbring, sy'n ufuddhau i $F = kx$, i'w weld yn Ffigur 12.3. Graddiant (neu oledd) llinell y graff yw cysonyn sbring, $k$, y sbring.

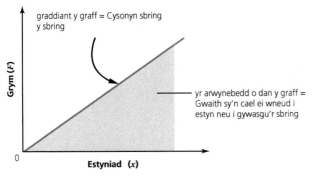

**Ffigur 12.3 Graff grym–estyniad ar gyfer sbring.**

Pan mae grym yn gweithredu ar sbring, mae'n gwneud gwaith ar y sbring, gan fod gwaith yn cael ei wneud pan mae grym yn symud drwy bellter (y pellter yw estyniad – neu gywasgiad – y sbring). Gallwn fesur y gwaith sy'n cael ei wneud wrth estyn (neu gywasgu) y sbring drwy ddarganfod yr arwynebedd o dan y graff grym–estyniad (siâp triongl). Pan mae'r sbring yn ufuddhau i'r hafaliad $F = kx$, yna mae'r gwaith sy'n cael ei wneud, $W$, yn bodloni'r hafaliad:

$$W = \frac{1}{2}Fx$$

## Profi eich hun

5 Mae sbring â chysonyn sbring o 25 N/m yn cael ei estyn 0.14 m. Cyfrifwch y grym sy'n gweithredu ar y sbring.
6 Esboniwch sut gallwn ni ddefnyddio graff grym–estyniad i ddarganfod y gwaith sy'n cael ei wneud wrth estyn sbring.
7 Cyfrifwch y gwaith sy'n cael ei wneud wrth estyn y sbring yng Nghwestiwn 5.

Atebion ar dudalen 122

## Gwaith, egni a cherbydau

### Gwella effeithlonrwydd cerbydau

Mae'n bosibl cynyddu effeithlonrwydd cerbydau drwy wneud y canlynol:
- gwella aerodynameg, gan adael i'r aer symud yn fwy llyfn dros arwynebau allanol y cerbyd. Mae hyn yn lleihau'r gwaith mae'r cerbyd yn gorfod ei wneud i wthio'r aer i ffwrdd, gan wella arbedion tanwydd a chynyddu pellter teithio'r cerbyd
- gostwng gwaelod y cerbyd, fel bod yr olwynion wedi'u hamgáu yn fwy gan fwâu'r olwynion. Mae hyn hefyd yn gwella aerodynameg y cerbyd ac yn lleihau'r gwrthiant aer, gan wella'r arbedion tanwydd
- dylunio teiars i sicrhau cydbwysedd rhwng gafael (er mwyn diogelwch y teithwyr) a'r angen i leihau'r gwrthiant treigl rhwng y teiars ac arwyneb y ffordd (sydd hefyd yn gwella arbedion tanwydd)
- lleihau swm yr egni sy'n cael ei golli pan fydd y cerbyd yn segura mewn traffig neu wrth oleuadau traffig. Mae cyfrifiaduron yn monitro'r peiriant ac, os yw'n cael ei orfodi i segura pan fydd y cerbyd yn stopio, mae systemau'n gweithredu i gau'r peiriant i lawr dros dro, neu mae egni cinetig y peiriant segur yn cael ei ddefnyddio i bweru dynamo bach sy'n gwefru batri, a gaiff ei ddefnyddio nes ymlaen i bweru systemau trydanol y cerbyd

- defnyddio defnyddiau ysgafn newydd i gymryd lle defnyddiau trymach, mwy traddodiadol, fel dur, ar gyfer darnau cerbydau. Mae lleihau màs y car yn lleihau ei inertia i symudiad ac felly mae angen llai o egni i gael y cerbyd i symud yn y lle cyntaf.

## Gwella diogelwch cerbydau

Un o'r ffactorau sy'n effeithio ar faint o niwed sy'n cael ei wneud i yrwyr a theithwyr mewn damwain car yw'r arafiad cyflym sy'n digwydd pan fydd car yn taro rhywbeth. Os ydych chi mewn car sy'n arafu'n sydyn, mae eich mudiant yn golygu y byddwch chi'n dal i symud ymlaen nes bod grym yn gweithredu i newid eich cyflymder (deddf mudiant gyntaf Newton) – efallai mai'r grym rhwng eich pen a'r sgrin wynt fydd hwn!

O ail ddeddf Newton, lle mae:

grym (N) = màs (kg) × cyflymiad (m/s$^2$)

os byddwch chi'n arafu'n gyflym iawn, bydd grym mawr ar eich corff. Bydd unrhyw beth sy'n gwneud i'r gwrthdrawiad bara'n hirach, ac felly'n lleihau'r arafiad, yn lleihau'r grym sy'n gweithredu arnoch chi. Y tric yw llunio systemau o fewn y car fydd yn cynyddu amser gwrthdrawiad ac eto'n cadw'r teithwyr yn ddiogel mewn adran deithio gadarn. Mae gwneuthurwyr ceir yn cynllunio eu ceir fel y byddan nhw'n crebachu'n raddol mewn ardrawiad (cywasgrannau) – mae hyn yn cynyddu amser y gwrthdrawiad (gan leihau'r cyflymiad), ac yn lleihau'r grym ar y teithwyr, yn sylweddol.

## Profi eich hun

PROFI

8 Rhestrwch dair ffordd i wella effeithlonrwydd car.
9 Esboniwch sut mae cywasgran yn lleihau effaith y grym ar yrrwr yn ystod gwrthdrawiad ben-ben.

Atebion ar dudalen 122

### Cyngor

Mae un cwestiwn arholiad ateb estynedig cyffredin yn gofyn i chi esbonio sut mae systemau diogelwch car yn cadw'r gyrrwr ac unrhyw deithwyr yn ddiogel mewn gwrthdrawiad. Mae gwregysau diogelwch, cywasgrannau a bagiau aer yn enghreifftiau da i'w dewis, ac mae pob un ohonyn nhw'n gweithio drwy gynyddu amser y gwrthdrawiad a lleihau'r grymoedd sy'n gweithredu yn ystod gwrthdrawiad.

## Crynodeb

- Pan mae grym yn gweithredu ar gorff sy'n symud, mae egni'n cael ei drosglwyddo er bod cyfanswm yr egni'n aros yn gyson.
- Yr hafaliad ar gyfer gwaith yw:

  gwaith = grym × pellter symud i gyfeiriad y grym
  $$W = Fd$$

- Mae gwaith yn mesur y trosglwyddiad egni, fel bod gwaith = trosglwyddiad egni (yn absenoldeb trosglwyddiad thermol).
- Gall gwrthrych gael egni oherwydd ei fudiant (egni cinetig) a'i leoliad (egni potensial disgyrchiant) a'i anffurfiad (egni elastig).
- Yr hafaliad ar gyfer egni cinetig yw:

  egni cinetig $= \frac{1}{2} \times$ màs $\times$ (cyflymder)$^2$
  $$EC = \frac{1}{2}mv^2$$

- Yr hafaliad ar gyfer newid mewn egni potensial yw:

  newid mewn egni potensial = màs × cryfder maes disgyrchiant × newid mewn uchder
  $$EP = mgh$$

- Y berthynas rhwng grym ac estyniad mewn sbring yw:

  grym = cysonyn sbring × estyniad
  $$F = kx$$

- Gallwn ni fesur y gwaith sy'n cael ei wneud wrth estyn drwy ddarganfod yr arwynebedd o dan y graff grym–estyniad $(F-x)$; $W = \frac{1}{2}Fx$ ar gyfer perthynas linol rhwng $F$ ac $x$.
- Gellir gwella effeithlonrwydd egni cerbydau drwy leihau colledion aerodynamig/gwrthiant aer a gwrthiant treigl, colledion segura a cholledion inertia.
- Mae gwregysau diogelwch, bagiau aer a chywasgrannau ar gerbydau i gyd yn gweithredu drwy gynyddu'r amser mae'r gwrthdrawiad yn ei gymryd i ddigwydd a lleihau'r grym sy'n gweithredu ar y teithwyr yn y cerbyd.

# Cwestiynau enghreifftiol

1 Mae Ffigur 12.4 yn dangos lori llwyth-isel yn winsio car i fyny ramp. Mae winsh y lori yn gwneud 2450 J o waith wrth godi'r car a 350 J o waith yn erbyn ffrithiant wrth dynnu'r car i fyny'r ramp 3.5 m.

**Ffigur 12.4**

(a) Cyfrifwch gyfanswm y gwaith sy'n cael ei wneud wrth godi'r car i gefn y lori. [1]

(b) Dewiswch a defnyddiwch hafaliad addas i ddarganfod y grym, $F$. [3]

TGAU Ffiseg CBAC P2 Haen Sylfaenol Haf 2010 C7

2 Mae Ffigur 12.5 yn dangos winsh yn Y sy'n cael ei defnyddio i dynnu cwch hwylio yn X, 50 m i fyny llithrfa, drwy uchder fertigol o 4 m.

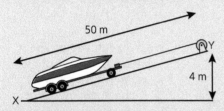

**Ffigur 12.5**

(a) Pwysau'r cwch yw 15 000 N, ac mae'n cael ei godi drwy uchder fertigol o 4 m. Dewiswch a defnyddiwch hafaliad addas i gyfrifo'r gwaith sy'n cael ei wneud yn erbyn disgyrchiant, wrth godi'r cwch drwy 4 m. [2]

(b) Mae grym ffrithiannol o 1000 N yn gweithredu ar y cwch wrth iddo gael ei dynnu'r 50 m i fyny'r llithrfa. Defnyddiwch eich hafaliad o (a) i gyfrifo'r gwaith sy'n cael ei wneud yn erbyn y grym ffrithiannol hwn. [1]

(c) (i) Felly, cyfrifwch gyfanswm y gwaith sy'n cael ei wneud gan y winsh wrth dynnu'r cwch i fyny'r llithrfa. [1]

(ii) Cyfrifwch y grym mae'n rhaid i'r winsh ei weithredu wrth dynnu'r cwch i fyny'r llithrfa. [2]

TGAU Ffiseg CBAC P2 Haen Uwch Haf 2007 C7

3 Mae lifft yn codi pobl i lwyfan neidio mewn twr bynji. Mae'r llwyfan neidio 55 m uwchlaw'r ddaear.

(a) Mae'r lifft yn codi person 60 kg o'r ddaear i'r llwyfan neidio. Dewiswch a defnyddiwch hafaliad addas i ddarganfod y cynnydd yn egni potensial disgyrchiant y person. (Cryfder maes disgyrchiant = 10 N/kg) [3]

(b) 18 000 J yw egni cinetig y neidiwr bynji wrth iddo syrthio ar ei fuanedd mwyaf.

(i) Beth yw ei egni potensial pan fydd yn cyrraedd ei fuanedd mwyaf? [1]

(ii) Dewiswch a defnyddiwch hafaliad i ganfod ei fuanedd mwyaf. [3]

(c) Esboniwch yn nhermau grymoedd, gan eu henwi, pam mae'r buanedd yn cynyddu cyn i'r rhaff bynji ddechrau ymestyn. [2]

(ch) Mae'r rhaff bynji yn ymestyn ac yn stopio'r neidiwr yn union uwchben lefel y ddaear, gan storio egni'r neidiwr bynji yn y rhaff. Ar y pwynt hwn, rhowch werthoedd:

(i) ei egni cinetig [1]

(ii) ei egni potensial disgyrchiant [1]

(iii) yr egni sy'n cael ei storio yn y rhaff bynji. [1]

TGAU Ffiseg CBAC P2 Haen Uwch Ionawr 2008 C5

**Atebion ar y wefan**

GWEFAN

# 13 Cysyniadau pellach am fudiant

## Momentwm

ADOLYGU

Ffordd arall o gysylltu grym a mudiant yw meddwl am fâs a chyflymder gwrthrych sy'n symud. Mae gwrthrychau sydd angen grym mawr er mwyn stopio un ai â màs (inertia) mawr iawn neu maen nhw'n symud ar gyflymder uchel iawn. **Momentwm** yw'r enw ar luoswm màs a chyflymder gwrthrych. Felly mae angen grym mawr i newid mudiant gwrthrychau sydd â momentwm mawr.

> **Momentwm** yw lluoswm màs × cyflymder.

momentwm, $p$ (kg m/s) = màs, $m$ (kg) × cyflymder, $v$ (m/s)

$$p = mv$$

**Cyngor**

Pan fyddwch chi'n defnyddio hafaliad i gyfrifo gwerth fel momentwm, mae'n rhaid i chi fod yn ofalus ynghylch pa rifau rydych chi'n eu defnyddio. Yn yr arholiad, ar ôl i chi ddewis ac ysgrifennu'r hafaliad, gallech chi ddefnyddio'r un lliw i uwcholeuo'r swm yn yr hafaliad a'r rhif priodol yn y cwestiwn.

### Profi eich hun

PROFI

1 Mae gwn yn tanio bwled â màs 0.005 g (5 × 10⁻⁶ kg) ar gyflymder o 400 m/s. Cyfrifwch fomentwm y bwled.
2 Màs y gwn yw 5 kg ac mae'n adlamu â'r un momentwm. Cyfrifwch gyflymder adlamu'r gwn.

Atebion ar dudalen 122

## Ail ddeddf Newton a momentwm

ADOLYGU

Gallwn ni esbonio ac ysgrifennu ail ddeddf Newton, $F = ma$, mewn ffordd wahanol drwy ddefnyddio'r newid ym momentwm gwrthrych. Fe gofiwch chi fod momentwm gwrthrych yn hafal i fâs y gwrthrych wedi'i luosi â'i gyflymder. Pan mae gwrthrych yn cyflymu, mae'n newid ei gyflymder o un gwerth i werth arall. Mae hyn yn golygu bod ei fomentwm hefyd yn newid wrth iddo gyflymu; mae'r grym cydeffaith sy'n gweithredu ar wrthrych sy'n cyflymu yn hafal i gyfradd newid momentwm y gwrthrych.

grym cydeffaith, $F$ (N) = $\dfrac{\text{newid mewn momentwm, } \Delta p \text{ (kg m/s)}}{\text{amser y newid, } t \text{ (s)}}$

$$F = \frac{\Delta p}{t} = \frac{\Delta mv}{t}$$

lle mae

$\Delta p$ = momentwm terfynol − momentwm cychwynnol = $mv_{\text{terfynol}} - mv_{\text{cychwynnol}}$

ac mae

$$F = \frac{\Delta p}{t} = \frac{mv_{\text{terfynol}} - mv_{\text{cychwynnol}}}{t}$$

### Profi eich hun

PROFI

3 Cyfrifwch y grym cydeffaith sy'n gweithredu ar sglefrfyrddwr sy'n newid ei fomentwm o 35 kg m/s i 53 kg m/s mewn 3 s.
4 Mae grym o 240 N yn gweithredu ar gwch am 15 s. Cyfrifwch y newid ym momentwm y cwch.

Atebion ar dudalen 122

# Deddf cadwraeth momentwm

ADOLYGU

Mae momentwm yn faint pwysig iawn yn y Bydysawd. Mae arbrofion yn dangos bod momentwm yn faint sydd bob amser yn cael ei gadw pryd bynnag mae gwrthrychau'n rhyngweithio â'i gilydd (naill ai drwy wrthdrawiad neu drwy ffrwydrad). Mae hyn yn berthnasol i ryngweithiadau rhwng sêr a galaethau ar un pen y raddfa maint ac i ronynnau isatomig, fel protonau ac electronau, ar ben arall y raddfa. Gall y ddeddf cadwraeth momentwm gael ei hysgrifennu fel:

cyfanswm momentwm cyn = cyfanswm momentwm ar ôl
rhyngweithiad                rhyngweithiad

(Drwy gonfensiwn, mae'r momentwm i un cyfeiriad yn cael ei ystyried yn bositif a'r momentwm i'r cyfeiriad arall yn cael ei ystyried yn negatif.)

# Cadw egni cinetig

ADOLYGU

Byddwch chi'n cofio bod egni cinetig gwrthrych sy'n symud yn cael ei roi gan:

 $EC = \frac{1}{2}mv^2$

lle $m$ yw màs y gwrthrych (mewn cilogramau) a $v$ yw cyflymder y gwrthrych (mewn m/s). Er bod momentwm yn cael ei gadw bob amser mewn gwrthdrawiadau, mae egni cinetig yn cael ei gadw mewn gwrthdrawiadau elastig yn unig, lle mae cyfanswm yr egni cinetig cyn y gwrthdrawiad yr un fath â chyfanswm yr egni cinetig ar ôl y gwrthdrawiad. Fodd bynnag, ychydig iawn o wrthdrawiadau (os unrhyw un o gwbl) sy'n wirioneddol elastig. Mae rhywfaint o egni cinetig yn cael ei golli yn y rhan fwyaf o wrthdrawiadau, sydd yna'n cael ei drawsnewid yn fathau eraill o egni, er enghraifft yr egni straen sy'n anffurfio gwrthrych, neu wres neu sain – rydyn ni'n galw'r gwrthdrawiadau hyn yn wrthdrawiadau anelastig.

## Profi eich hun

PROFI

5  Nodwch y ddeddf cadwraeth momentwm.
6  Mae pêl jac bowlio lawnt â màs 0.25 kg, sy'n teithio ar 3 m/s, yn taro pêl bowlio lawnt fwy â màs 0.75 kg ac yn stopio'n stond. Cyfrifwch gyflymder y bêl bowlio lawnt fwy ar ôl y gwrthdrawiad.

Atebion ar dudalen 122

# Hafaliadau mudiant

ADOLYGU

Gall mudiant gwrthrych gael ei ddisgrifio gan bedwar o hafaliadau (cinemateg) sy'n disgrifio yn gyfan gwbl sut mae gwrthrych yn symud, ar yr amod bod y gwrthrych yn symud â chyflymiad cyson (neu sero).

Mae'r hafaliadau'n defnyddio set o symbolau safonol ar gyfer pob un o'r meintiau mudiant:

- $x$ – pellter sy'n cael ei deithio (mewn m)
- $u$ – cyflymder cychwynnol y gwrthrych (mewn m/s)
- $v$ – cyflymder terfynol y gwrthrych (mewn m/s)
- $a$ – cyflymiad y gwrthrych (mewn m/s$^2$)
- $t$ – amser y mudiant (mewn s).

**Cyngor**

Mae angen i chi ddysgu (ar eich cof) ystyr pob symbol sy'n cael ei ddefnyddio yn yr hafaliadau cinemateg.

Yr hafaliadau yw:

$$v = u + at$$

$$x = \left(\frac{u + v}{2}\right)t$$

$$x = ut + \frac{1}{2}at^2$$

$$v^2 = u^2 + 2ax$$

Pan mae gwrthrychau'n symud drwy ddisgyn o ganlyniad i faes disgyrchiant y Ddaear, mae'r symbol $g$ fel arfer yn cael ei ddefnyddio yn lle $a$, a gwerth $g$ yw 10 m/s².

## Profi eich hun

PROFI

7 (a) Mae merch ar gefn beic, sy'n teithio ar 1.5 m/s, yn cyflymu ar 0.5 m/s² am 3 s. Cyfrifwch gyflymder terfynol y ferch ar y beic.

(b) Cyfrifwch pa mor bell y teithiodd y ferch ar y beic yn ystod y cyfnod o 3 s.

Atebion ar dudalen 122

## Grymoedd troi

ADOLYGU

Pan mae grym, $F$, yn gweithredu ar bellter, $d$, oddi wrth ganol colyn (er enghraifft sbaner yn troi nyten), mae'r grym yn gweithredu effaith droi ar y colyn – grym troi yw'r enw ar hyn.

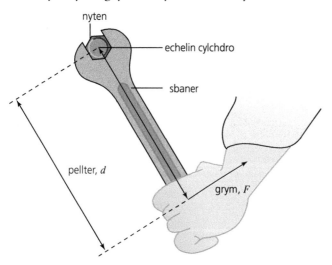

**Ffigur 13.1** **Momentwm grym.**

Moment yw'r enw ar y grym troi sy'n gweithredu ar y colyn ac rydyn ni'n ei gyfrifo drwy ddefnyddio'r hafaliad:

moment, $M$ = grym, $F$ × pellter, $d$

$$M = Fd$$

lle $d$ yw pellter y grym oddi wrth echelin cylchdro'r colyn. Unedau moment yw Nm.

# Egwyddor momentau

Mewn llawer o achosion, mae momentau'n tueddu i weithredu mewn parau o gwmpas colyn. Yr enghraifft glasurol o hyn yw si-so gyda dau berson yn eistedd un ar bob pen:

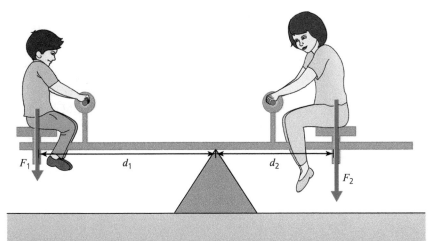

**Ffigur 13.2** Plant yn cydbwyso ar si-so.

> **Cyngor**
>
> Byddwch yn ofalus wrth ateb cwestiynau sy'n ymwneud ag egwyddor momentau oherwydd gall yr unedau fod yn rhai cymysg. Er enghraifft, gallai'r pellteroedd fod mewn cm, yn hytrach na m. Gwnewch yn siŵr eich bod yn defnyddio'r un uned pellter yng nghyfrifiad y momentau clocwedd a gwrthglocwedd.

Pan mae gwrthrych fel y si-so yn cydbwyso, bydd swm y momentau clocwedd (yn yr achos hwn, $M_{clocwedd} = F_2 d_2$) yn hafal i swm y momentau gwrthglocwedd (yn yr achos hwn, $M_{gwrthglocwedd} = F_1 d_1$) o amgylch pwynt; egwyddor momentau yw'r enw ar hyn:

swm y momentau clocwedd, $M_{clocwedd}$ = swm y momentau gwrthglocwedd, $M_{gwrthglocwedd}$

Yn achos y si-so yn Ffigur 13.2:

$F_1 d_1 = F_2 d_2$

## Profi eich hun

8  Nodwch yr egwyddor momentau.
9  Mae addurnwr yn defnyddio tyrnsgriw i agor caead tun o baent, gan weithredu grym o 8 N, 0.3 m oddi wrth ymyl y tun paent. Cyfrifwch y grym troi sy'n gweithredu ar y caead.
10 Mae craen yn codi pwysau o 3000 N, 12 m oddi wrth dŵr y craen. Mae'r pwysau'n cael ei gydbwyso ar ochr arall tŵr y craen gan wrthbwys, 4 m oddi wrth y tŵr. Cyfrifwch bwysau'r gwrthbwys.

Atebion ar dudalen 122

## Crynodeb

- Mae momentwm corff yn dibynnu ar ei fàs a'i gyflymder, ac mae'n cael ei fesur gan yr hafaliad:

  momentwm = màs × cyflymder

  $p = mv$

- Gallwn ni ysgrifennu ail ddeddf mudiant Newton fel:

  grym cydeffaith,

  $$F\,(\mathrm{N}) = \frac{\text{newid mewn momentwm, } \Delta p\ (\mathrm{kg\ m/s})}{\text{amser y newid, } t\ (\mathrm{s})}$$

  $$F = \frac{\Delta p}{t} = \frac{\Delta mv}{t}$$

→

- Mae'r ddeddf cadwraeth momentwm yn datgan bod momentwm bob amser yn cael ei gadw yn ystod mudiant gwrthrychau a gellir ei ddefnyddio i wneud cyfrifiadau sy'n ymwneud â gwrthdrawiadau neu ffrwydradau rhwng gwrthrychau.
- Gellir defnyddio hafaliad egni cinetig, $EC = \frac{1}{2}mv^2$ i gymharu'r egni cinetig cyn ac ar ôl rhyngweithiad.
- Gellir modelu mudiant gwrthrychau gan ddefnyddio'r hafaliadau:

$$v = u + at$$

$$x = \left(\frac{u + v}{2}\right)t$$

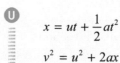

$$x = ut + \frac{1}{2}at^2$$

$$v^2 = u^2 + 2ax$$

- Mae grym troi'n achosi cylchdro sy'n cael ei alw yn foment y grym, lle mae moment = grym × pellter (rhwng echelin y cylchdro a'r grym);

$$M = Fd.$$

- Os yw trawst mewn cydbwysedd, mae'r egwyddor momentau'n datgan bod yn rhaid i swm y momentau clocwedd fod yn hafal i swm y momentau gwrthglocwedd o amgylch pwynt.

## Cwestiynau enghreifftiol

1 Mae gwn yn saethu bwled sydd â màs 0.01 kg a buanedd 1000 m/s, at darged. Mae'r bwled yn mynd drwy'r targed, gan golli rhyfaint o fomentwm wrth iddo wneud hynny, cyn dod allan yr ochr arall â chyflymder, $v$.

   (a) (i) Dewiswch a defnyddiwch hafaliad addas i gyfrifo momentwm y bwled cyn iddo basio drwy'r targed. [2]

       (ii) Mae'r bwled yn colli 9 kg m/s o fomentwm wrth fynd drwy'r targed. Cyfrifwch fomentwm y bwled wrth iddo ddod allan o'r targed. [1]

       (iii) Mae màs y bwled sy'n dod allan yr ochr arall yr un fath â'i fàs cyn iddo fynd i mewn i'r targed. Defnyddiwch eich ateb i ran (ii) i gyfrifo cyflymder y bwled wrth iddo ddod allan o'r targed. [2]

   (b) Màs y gwn yw 1.25 kg. Pan gaiff y bwled ei saethu, mae'r gwn yn adlamu â'r un maint o fomentwm â'r bwled a gafodd ei saethu (eich ateb i ran (a) (i)). Defnyddiwch y wybodaeth hon i gyfrifo cyflymder adlamu'r gwn. [2]

TGAU Ffiseg CBAC P3 Haen Uwch Haf 2008 C6

2 Mae'r diagramau yn Ffigur 13.3 yn dangos dau gerbyd gofod disymud yn y broses o wahanu.
Màs cerbyd A yw 50 000 kg.
Mae cerbydau A a B yn ddisymud cyn gwahanu. Mae cyfanswm y momentwm yn sero.
Ar ôl gwahanu, mae cerbyd A yn symud ar gyflymder o –2 m/s.

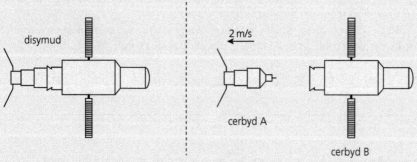

disymud

2 m/s

cerbyd A

cerbyd B

Ffigur 13.3

   (a) Defnyddiwch yr hafaliad isod i gyfrifo momentwm A ar ôl gwahanu. [2]

   momentwm = màs × cyflymder

   (b) Does dim momentwm yn cael ei golli wrth iddyn nhw wahanu. Ysgrifennwch beth yw momentwm B ar ôl iddyn nhw wahanu. [1]

→

(c) Màs cerbyd B yw 80 000 kg. Defnyddiwch yr hafaliad isod i ddarganfod cyflymder cerbyd B ar ôl iddyn nhw wahanu. [2]

$$\text{cyflymder} = \frac{\text{momentwm}}{\text{màs}}$$

TGAU Ffiseg CBAC P3 Haen Sylfaenol Mai 2016 C3

3 Mae carreg fach yn disgyn drwy'r awyr. Mae'r tabl isod yn dangos sut mae cyflymder y garreg yn newid yn ystod y 4 eiliad gyntaf.

| Amser (s) | Buanedd (m/s) |
|-----------|---------------|
| 0 | 0 |
| 1 | 10 |
| 2 | 20 |
| 3 | 30 |
| 4 | 40 |

(a) Nodwch pam mae'r pellter teithio rhwng 2 eiliad a 4 eiliad yn fwy na'r pellter ar gyfer y ddwy eiliad gyntaf. [1]

(b) (i) Defnyddiwch wybodaeth o'r tabl uchod a'r hafaliad isod i gyfrifo'r cyflymiad. [2]

$$a = \frac{v - u}{t}$$

(ii) Defnyddiwch wybodaeth o'r tabl uchod a'r hafaliad isod i gyfrifo'r pellter mae'r garreg yn disgyn rhwng 2s a 4s. [2]

$$x = \frac{1}{2}(u + v)t$$

(c) Pe bai pluen yn cael ei gollwng yn lle'r garreg, byddai ei chyflymder ar ôl 4s yn llai na chyflymder y garreg. Rhowch reswm dros y gwahaniaeth. [1]

TGAU Ffiseg CBAC P3 Haen Sylfaenol Mai 2016 C6

4 Mae pêl-droed â màs 0.3 kg yn cael ei gollwng o ddisymudedd oddi ar bont ac mae'n cymryd 2.8 eiliad i gyrraedd y tir islaw. Dewiswch a defnyddiwch hafaliadau addas i ateb y cwestiynau isod. Gallwch chi gymryd bod y cyflymiad oherwydd disgyrchiant = 10 m/s² a bod y gwrthiant aer yn ddibwys.

Dydy'r diagram ddim wedi ei luniadu wrth raddfa.

**Ffigur 13.4**

(a) Cyfrifwch uchder y bont. [2]

(b) Cyfrifwch fomentwm y bêl yn union cyn iddi daro'r llawr. [3]

(c) Mae'r bêl yn adlamu oddi ar y llawr â buanedd o 14 m/s.
    (i) Cyfrifwch egni cinetig y bêl-droed wrth iddi adael y llawr. [2]
    (ii) Cyfrifwch y newid ym momentwm y bêl o ganlyniad i'r sbonc. [2]
    (iii) Esboniwch sut mae momentwm yn cael ei gadw pan mae'r bêl yn adlamu o'r Ddaear. [2]

(ch) Disgrifiwch sut mae trydedd ddeddf mudiant Newton yn gweithio pan mae'r bêl yn taro'r llawr. [2]

TGAU Ffiseg CBAC P3 Haen Uwch Mai 2016 C4

5 Mae si-sos, craeniau tŵr a hyd yn oed liferi syml i gyd yn bethau sy'n dibynnu ar ddealltwriaeth o gydbwysedd a momentau i'w dylunio. Er mwyn sicrhau nad yw gwrthrychau'n dymchwel, rhaid i'r momentau fod mewn cydbwysedd. Gwnaeth dosbarth o fyfyrwyr a oedd yn astudio momentau gynnal yr arbrawf canlynol. Cafodd riwl fetr ei chydosod i gydbwyso ar ei chanol, yna cafodd pwysynnau eu rhoi ar bellterau gwahanol oddi wrth y canol fel eu bod nhw'n cydbwyso. Cafodd un o'r pwysynnau ei gadw yr un fath drwy'r amser ar 5 N ond roedd yn bosibl newid ei bellter, $d$, oddi wrth y colyn (canol y riwl). Roedd yn bosibl amrywio'r pwysyn cydbwyso arall, $W$, ond roedd ei bellter oddi wrth y colyn yn cael ei gadw'n gyson ar 20 cm. Mae hyn yn cael ei ddangos yn Ffigur 13.5.

Mae canlyniadau un grŵp i'w gweld yn y tabl.

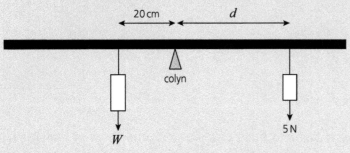

Ffigur 13.5

| Ochr chwith | | Ochr dde | |
|---|---|---|---|
| $W$ (N) | Pellter (cm) | Pwysau (N) | $d$ (cm) |
| 3 | 20.0 | 5 | 12.0 |
| 4 | 20.0 | 5 | 16.0 |
| 5 | 20.0 | 5 | 20.0 |
| 8 | 20.0 | 5 | 32.0 |
| 10 | 20.0 | 5 | 40.0 |
| 12 | 20.0 | 5 | 48.0 |

(a) (i) Cwblhewch yr hafaliad momentau ar gyfer y sefyllfa a welwch chi yn Ffigur 13.5. [1]

$$W \times \ldots\ldots\ldots = 5 \times d$$

(ii) Plotiwch graff o werthoedd $W$ o'r ochr chwith yn erbyn gwerthoedd $d$ o'r ochr dde. [3]

(iii) Rhowch werth y pwysau, $W$, a fyddai'n cydbwyso ar bellter, $d$, o 10 cm. [1]

(iv) Rhowch werth $d$ a fyddai'n cydbwyso pwysau, $W$, o 6 N. [1]

(v) Disgrifiwch sut mae'r pwysau, $W$, yn newid wrth i'r pellter, $d$, newid. [2]

(vi) Defnyddiwch eich graff i esbonio a ddylai darlleniadau pellach fod wedi eu cymryd yn yr arbrawf hwn. [2]

(b) Mae'r riwl fetr yn Ffigur 13.6 yn cael ei chynnal ar ei chanolbwynt. Mae myfyriwr yn awgrymu ei bod mewn cydbwysedd. Defnyddiwch yr egwyddor momentau i ymchwilio i'r honiad hwn. [3]

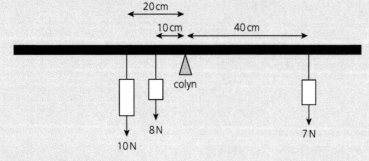

Ffigur 13.6

TGAU Ffiseg CBAC Uned 2: Grymoedd, gofod ac ymbelydredd Haen Uwch DAE C3

**Atebion ar y wefan**

GWEFAN

# 14 Sêr a phlanedau

## Pa mor fawr yw'r Bydysawd

ADOLYGU

### Cysawd yr Haul

Mae'r Bydysawd yn lle mawr iawn – byddai'n cymryd tua 13.75 mil miliwn (13.75 biliwn) o flynyddoedd i olau deithio o'r Ddaear hyd at ymyl y Bydysawd arsylladwy. Yr enw ar ein darn lleol ni o'r Bydysawd yw Cysawd yr Haul. Prif gyfansoddion Cysawd yr Haul yw:

- 1 seren – yr Haul
- 8 planed – Mercher, Gwener, Daear, Mawrth, Iau, Sadwrn, Wranws a Neifion
- 146 lleuad (lloeren naturiol planed yw lleuad)
- 5 corblaned, gan gynnwys Plwton
- un gwregys asteroidau – rhwng Mawrth ac Iau
- nifer o gomedau a darnau bach eraill o graig a llwch rhyngblanedol.

### Planedau

O'r wyth planed, mae'r pedair mewnol yn blanedau creigiog (Mercher, Gwener, Daear a Mawrth) ac mae'r pedair allanol yn blanedau nwy enfawr (Iau, Sadwrn, Wranws a Neifion). O'r pedair planed greigiog, mae gan Wener, Daear a Mawrth atmosfferau, ac mae'r planedau nwy enfawr wedi eu gwneud yn bennaf o hydrogen, heliwm ac ychydig o methan. Mae'r tabl isod yn dangos data am yr wyth planed.

| Planed | Symbol | Radiws orbitol cymedrig (mewn AU) | Cyfnod orbitol (mewn blynyddoedd Daear) | Radiws cymedrig (mewn $R_\oplus$) | Màs (mewn $M_\oplus$) |
|---|---|---|---|---|---|
| Mercher | ☿ | 0.39 | 0.24 | 0.38 | 0.06 |
| Gwener | ♀ | 0.72 | 0.62 | 0.95 | 0.82 |
| Daear | ⊕ | 1.0 | 1.0 | 1.0 | 1.0 |
| Mawrth | ♂ | 1.5 | 1.9 | 0.53 | 0.11 |
| Iau | ♃ | 5.2 | 12 | 11 | 320 |
| Sadwrn | ♄ | 9.6 | 29 | 9.5 | 95 |
| Wranws | ♅ | 19 | 84 | 4.0 | 15 |
| Neifion | ♆ | 30 | 170 | 3.9 | 17 |

### Profi eich hun

PROFI

1 Esboniwch sut mae'r pedair planed fewnol yn wahanol i'r pedair planed allanol.
2 Beth yw'r berthynas rhwng y radiws orbitol a'r cyfnod orbitol ar gyfer y planedau?

Atebion ar dudalennau 122–123

### Cyngor

Mae angen i chi ddysgu trefn y planedau oddi wrth yr Haul (MGDMISWN), neu yn Saesneg My Very Easy Method Just Speeds Up Naming.

## Mesur pellteroedd yn y Bydysawd

- Radiws y Ddaear, $R_\oplus$ – mae maint planed yn cael ei fesur mewn perthynas â'r Ddaear, felly mae radiws Iau = $11\,R_\oplus$. Mae cymariaethau â dimensiynau'r Ddaear yn fesuriadau da i gymharu'r planedau.

- Unedau Seryddol (AU) – dyma bellter cyfartalog y Ddaear oddi wrth yr Haul. Rydyn ni'n defnyddio'r uned hon i fesur pellteroedd yng Nghysawd yr Haul. Mae Neifion, y blaned bellaf, yn 30 AU oddi wrth yr Haul, ac mae rhannau pellaf un Cysawd yr Haul yn ymestyn hyd at fwy na 100 000 AU. (1 AU = $1.5 \times 10^{11}$ m).

- Blwyddyn golau, l-y, yw'r pellter mae golau'n ei deithio mewn un flwyddyn – $9.47 \times 10^{15}$ m. Mae'r uned hon yn cael ei defnyddio i fesur pa mor bell yw'r sêr agosaf ac o fewn ein galaeth ni o sêr, y Llwybr Llaethog. Mae'r seren agosaf at yr Haul, Proxima Centauri, 4.2 l-y i ffwrdd. Diamedr Cysawd ein Haul yw tua 4 l-y ac mae galaeth y Llwybr Llaethog tua 100 000 l-y ar ei draws. Mae ein galaeth ni'n rhan o 'Grwp Lleol' o alaethau, sydd tua 10 miliwn l-y ar ei draws, ac mae'r Grwp Lleôl yn rhan o grwpiau o alaethau o'r enw Uwchglwstwr Virgo, sydd tua 110 miliwn l-y ar ei draws. Uwchglwstwr Virgo yw un o'r adeileddau arsylladwy mwyaf yn y Bydysawd. Mae ymyl y Bydysawd arsylladwy tua 13 750 miliwn l-y i ffwrdd.

> **Cyngor**
>
> Does dim angen i chi ddysgu'r ffactorau trawsnewid ar gyfer metrau i AU a l-y. Byddwch chi'n cael y gwerthoedd hyn yn y papur arholiad.

### Profi eich hun
PROFI

3 Pa mor bell yw'r blaned Iau oddi wrth yr Haul:
  (a) mewn AU
  (b) mewn m
  (c) mewn l-y?

Atebion ar dudalen 123

## Sut cafodd Cysawd yr Haul ei ffurfio?

Cafodd yr Haul a Chysawd yr Haul eu ffurfio o'r nifwl (cwmwl nwy a llwch) a ddeilliodd o farwolaeth uwchnofa seren enfawr. Wrth i'n nifwl gwreiddiol ddechrau cwympo i mewn ar ei hun oherwydd disgyrchiant, dechreuodd rhanbarthau dwysach, tywyllach ffurfio a dyma lle ffurfiodd protosêr. Mae protoseren yn rhan o nifwl, sy'n cwympo oherwydd disgyrchiant, a dyma'r cyfnod yn ffurfiant seren cyn i ymasiad niwclear ddechrau.

Wrth i'r protoseren gwympo ymhellach dan effaith disgyrchiant, cafodd rhagor o nwy a llwch eu tynnu i mewn iddi o'r nifwl o'i chwmpas. Cynyddodd y gwasgedd yn ei chraidd yn ddigon i'r tymheredd fynd yn uwch na 15 miliwn °C, dechreuodd adweithiau ymasiad niwclear nwy hydrogen a chafodd seren ei geni.

## Cylchredau oes sêr a diagram Hertzsprung-Russell
ADOLYGU

Mae'r mwyafrif helaeth o sêr yn treulio'r rhan fwyaf o'u bywydau fel **sêr prif ddilyniant**. Cafodd y term 'prif ddilyniant' ei fathu gyntaf yn 1907 gan Ejnar Hertzsprung, seryddwr o Ddenmarc. Sylweddolodd Hertzsprung fod lliw (neu ddosbarth sbectrol) seren yn cydberthyn i'w disgleirdeb ymddangosiadol (disgleirdeb seren fel sy'n cael ei weld o'r Ddaear) a bod llawer o sêr yn dilyn perthynas syml rhwng y ddau newidyn hyn. Ar yr un pryd, roedd seryddwr Americanaidd o'r enw

Henry Norris Russell yn astudio sut roedd y dosbarth sbectrol yn amrywio gyda disgleirdeb gwirioneddol (neu absoliwt) drwy gywiro disgleirdeb sêr yn ôl eu pellter o'r Ddaear. Mae'r diagram sy'n dangos disgleirdeb (neu oleuedd) serol absoliwt yn erbyn tymheredd serol (sy'n pennu dosbarth sbectrol neu liw seren) nawr yn cael ei alw'n **ddiagram Hertzsprung-Russell (HR)** (Ffigur 14.1).

**Seren prif ddilyniant** yw seren sy'n rhyddhau egni drwy ymasiad hydrogen i ffurfio heliwm.

Mae **diagram Hertzsprung-Russell (HR)** yn ffordd o arddangos priodweddau sêr a darlunio eu llwybrau esblygol.

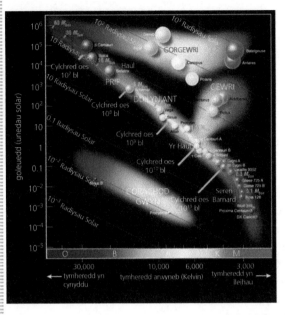

**Ffigur 14.1** Y diagram Hertzsprung-Russell (HR).

Mae'r diagram HR yn trefnu sêr mewn grwpiau yn ôl eu priodweddau. Yr echelinau ar y diagram HR yn Ffigur 14.1 yw goleuedd (neu gyfanswm yr egni golau sy'n cael ei allyrru gan y seren, mewn unedau solar, lle mae goleuedd yr Haul = 1) ar yr echelin-$y$, a thymheredd (mewn Kelvin) yn cael ei arddangos fel cyfres aflinol, pŵer (o ddeg) ar hyd yr echelin-$x$. Gall yr echelin-$x$ (sydd, yn anarferol am graff, yn rhedeg yn ôl mewn tymheredd o'r chwith i'r dde) hefyd gael ei harddangos fel lliw – sêr coch yw'r rhai oeraf a sêr glas yw'r rhai poethaf. Gall y diagram HR gael ei rannu'n bedwar pedrant gwahanol, fel y gwelwch chi yn Ffigur 14.2.

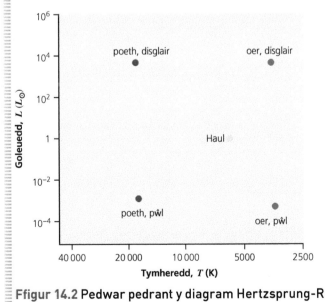

**Ffigur 14.2** Pedwar pedrant y diagram Hertzsprung-Russell (HR).

Y sêr poethaf, disgleiriaf ar y diagram HR yw'r sêr prif ddilyniant mwyaf. Gorgewri coch yw'r sêr oer, disgleiriaf. Mae'r sêr poeth, pŵl i gyd yn sêr corrach gwyn ac mae'r sêr oeraf, pŵl yn sêr corrach coch.

**Cyngor**

Byddwch yn ofalus – gall echelinau diagramau HR fod yn wahanol, er eu bod nhw'n edrych yr un fath. Tymheredd sydd ar yr echelin-$x$ fel arfer, ond tuag yn ôl, ac fel cyfres pŵer o 10. Gall yr echelin-$y$ ddangos goleuedd neu ddisgleirdeb (sydd fel arfer yn cael ei gymharu â goleuedd neu ddisgleirdeb yr Haul) neu faint absoliwt.

4 Beth yw'r echelinau ar ddiagram HR?
5 Pa grwpiau o sêr sydd â'r priodweddau canlynol:
   (a) sêr oer, pwl
   (b) sêr poeth, pŵl
   (c) sêr poeth, disglair
   (ch) sêr oer, disglair?
6 Ble mae'r sêr prif ddilyniant i'w canfod ar ddiagram HR?

Atebion ar dudalen 123

## Cylchredau oes sêr

Mae'r sêr prif ddilyniant yn rhedeg o ben y diagram ar y chwith i'r gwaelod ar y dde ar ddiagram HR. Uwchben y sêr prif ddilyniant mae'r gorgewri, sydd â radiws rhwng 10 a 100 gwaith yn fwy na'r Haul. Seren sy'n marw yw **cawr coch** ac mae wedi cyrraedd un o gamau olaf ei hesblygiad. Mae seren prif ddilyniant yn chwyddo i ffurfio cawr coch pan mae'n dechrau rhedeg allan o danwydd hydrogen ac yn dechrau achosi ymasiad nwy heliwm. Mae cewri coch yn gam pwysig yng nghylchred oes y rhan fwyaf o sêr prif ddilyniant. Mae'r rhan fwyaf o sêr yn treulio'r rhan fwyaf o'u hoes ar y prif ddilyniant lle mae eu sefydlogrwydd yn dibynnu ar y cydbwysedd rhwng grym disgyrchiant atyniad sy'n ceisio gwneud i'r seren fewnffrwydro, a'r cyfuniad o wasgedd nwy a gwasgedd pelydriad yn ceisio gwthio'r seren tuag allan. Gwasgedd pelydriad yw effaith y pelydriad electromagnetig sy'n symud allan o graidd y seren.

Pan fydd tanwydd niwclear hydrogen y seren prif ddilyniant yn dechrau dod i ben, bydd ymasiad niwclear heliwm yn cymryd drosodd yn y craidd. Mae'r gwasgedd pelydriad yn cynyddu a does dim cydbwysedd sefydlogrwydd. Mae'r seren yn ehangu. Wrth iddi fynd yn fwy, caiff yr egni sy'n cael ei gynhyrchu gan y seren ei ledaenu dros arwynebedd llawer mwy; mae ei thymheredd arwyneb yn gostwng; mae ei lliw yn mynd yn fwy coch ac mae'n troi yn gawr coch. Mae sêr cewri coch yn ansefydlog, ac mae'r seren yn dibynnu fwyfwy ar ymasiad niwclear elfennau trymach a thrymach (proses o'r enw niwcleosynthesis). Unwaith y bydd yr adweithiau ymasiad wedi cynhyrchu'r elfen haearn, ni fydd y seren yn gallu ennill egni drwy ffurfio elfennau trymach ac mae'r ymasiad yn dod i ben. Mae'r seren yn cwympo; mae ei hatmosffer allanol yn cael ei chwythu tuag allan fel nifwl planedol ac mae'r craidd poeth sy'n weddill yn cael ei alw'n **gorrach gwyn**. Mae sêr corrach gwyn i'w gweld ym mhedrant gwaelod chwith y diagram HR. Dydy corrach gwyn ddim yn achosi ymasiad niwclear mwyach, ond mae'n dal i ryddhau golau gan ei fod yn dal i fod yn boeth iawn.

Proses oeri raddol yw gweddill oes y seren, gan nad yw bellach yn cynhyrchu egni drwy ymasiad niwclear. Mae'r corrach gwyn yn oeri, yn symud i'r dde ar y diagram HR, ac yn ffurfio corrach coch, ac yn y pen draw corrach du. Mae plot cylchred oes yr Haul ar y diagram HR, sy'n dangos sut bydd ei oleuedd a'i dymheredd arwyneb yn newid dros ei gylchred oes, yn cael ei ddangos yn Ffigur 14.3.

Mae **cawr coch** yn seren fawr iawn sy'n achosi i heliwm ymasio i ffurfio elfennau trymach.

Mae **corrach gwyn** yn seren sy'n cyrraedd diwedd ei hoes. Does dim ymasiad, ac mae'n oeri.

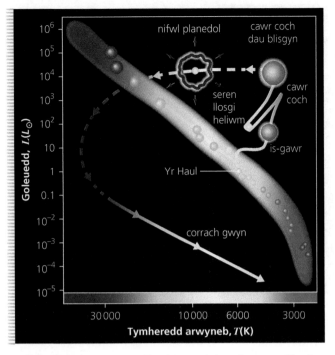

**Ffigur 14.3** Diagram HR o blot cylchred oes yr Haul.

---

**Cyngor**

Mae angen i chi ddysgu cylchred oes yr Haul: protoseren → prif ddilyniant → cawr coch → nifwl planedol → corrach gwyn→ corrach coch → corrach du.

---

## Uwchnofâu, sêr niwtron a thyllau du

Dydy sêr prif ddilyniant masfawr, sydd â masau hyd at 60 gwaith yn fwy na'r Haul, ddim yn dilyn llwybr cylchred oes prif ddilyniant – maen nhw'n cychwyn eu proses marw drwy chwyddo i ffurfio seren **orgawr**. Pan fydd niwcleosynthesis yn stopio, mae'r gorgawr yn mynd drwy gwymp cyflym ac mae'r ffrwydrad sy'n deillio o hyn yn cael ei alw'n **uwchnofa**. Yn ystod cwymp yr uwchnofa, mae'r egni sy'n cael ei ryddhau mor fawr fel bod elfennau trymach na haearn yn cael eu ffurfio. Mae pob elfen sy'n bresennol yn y Bydysawd, sy'n drymach na haearn, wedi bod yn rhan o ffrwydrad uwchnofa ryw dro.  Mae'r hyn sy'n weddill ar ôl ffrwydrad yr uwchnofa yn dibynnu ar fàs terfynol y gorgawr. Mae gweddillion gorgawr màs 'isel' yn ffurfio nifylau enfawr, sy'n cynnwys yr holl nwy a llwch sydd eu hangen i gychwyn ffurfiant serol unwaith eto. Mae gweddillion gorgawr màs 'uchel' yn ffurfio **sêr niwtron**, lle mae'r defnydd a oedd yn ffurfio craidd y gorgawr yn cael ei gywasgu i mewn i ofod â radiws o tua 12 km. Mae llawer o sêr niwtron yn cylchdroi ar fuanedd uchel gan greu pylsarau sy'n allyrru 'paladrau' anferth o belydriad electromagnetig, fel pelydrau X a phelydrau gama, wrth iddyn nhw wneud hynny.

Mae'r gweddillion gorgawr màs 'goruchel' yn ffurfio **tyllau du**, sy'n cael eu ffurfio o greiddiau sêr anferth sydd â màs craidd tua 10 gwaith yn fwy na màs yr Haul. Mae'r gwrthrychau hyn yn cael eu cywasgu i ofod sydd â radiws o tua 30 km ac mae atyniad disgyrchiant twll du mor fawr fel na all hyd yn oed golau ddianc ohono – dyna pam mae'n cael ei alw'n 'dwll du'. Mae Ffigur 14.4 yn crynhoi llwybrau marwolaeth sêr.

---

**Gorgawr** yw'r cam cyntaf ym marwolaeth seren prif ddilyniant fasfawr.

**Uwchnofa** yw ffrwydrad anferth sy'n cael ei achosi gan adweithiau ymasiad afreolus.

**Seren niwtron** yw seren ddwys fach iawn wedi ei gwneud o niwtronau.

**Twll du** yw'r ffurf fwyaf crynodedig ar fater a dydy hyd yn oed golau ddim yn gallu dianc ohono.

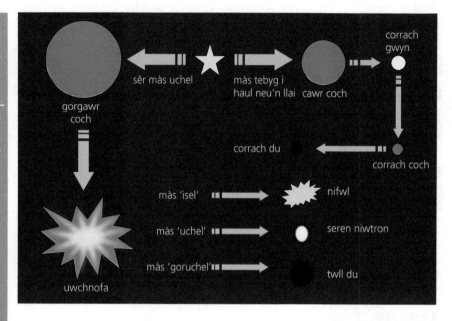

**Ffigur 14.4 Marwolaeth sêr.**

## Profi eich hun

7 Beth yw uwchnofa?
8 Nodwch y camau ym marwolaeth yr Haul.
9 Beth sy'n debyg a beth sy'n wahanol rhwng seren niwtron a thwll du?

Atebion ar dudalen 123

## Crynodeb

- Mae Cysawd yr Haul yn cynnwys un seren (yr Haul), wyth planed, nifer o gorblanedau a llawer o leuadau.
- Cysawd yr Haul yw'r enw ar ein darn lleol ni o'r gofod. Mae Cysawd yr Haul y tu mewn i alaeth o'r enw y Llwybr Llaethog. Mae'r Llwybr Llaethog yn rhan o grŵp o alaethau o'r enw y Grŵp Lleol, ac mae'r Grŵp Lleol yn rhan o glwstwr o 'grwpiau' o'r enw Uwchglwstwr Virgo.
- Mae angen defnyddio amrywiaeth o raddfeydd pellter wrth drafod y Bydysawd: ar raddfa planedau a Chysawd yr Haul, y peth gorau i'w wneud yw cymharu pethau â'r Ddaear a'r Haul. Ar raddfa galaeth y Llwybr Llaethog a'r Bydysawd arsylladwy, yr uned orau i'w defnyddio yw'r flwyddyn golau, sef y pellter mae golau'n ei deithio mewn 1 flwyddyn. 1 l-y = $9.47 \times 10^{15}$ m.
- Yr uned seryddol, AU, yw pellter cymedrig y Ddaear oddi wrth yr Haul. 1 AU = $1.5 \times 10^{11}$ m.
- Mae sêr yn cael eu ffurfio pan mae nifylau'n cwympo oherwydd disgyrchiant. Mae protosêr yn ffurfio allan o ranbarthau â dwysedd uchel y tu mewn i'r nifwl, cyn ffurfio sêr prif ddilyniant.

Mae sêr prif ddilyniant, sydd â màs tebyg i'r Haul, yn ffurfio sêr cewri coch cyn cwympo i mewn ar eu hunain, gan ffurfio nifwl planedol a chorrach gwyn. Mae sêr sydd â màs mwy yn ffurfio gorgewri cyn cwympo a ffrwydro fel uwchnofa, gan adael nifwl, seren niwtron neu dwll du.

- Mae sefydlogrwydd sêr yn dibynnu ar gydbwysedd rhwng grym disgyrchiant a chyfuniad o wasgedd nwy a gwasgedd pelydriad; mae sêr yn cynhyrchu eu hegni drwy ymasiad elfennau sy'n mynd yn gynyddol drymach.
- Mae defnyddiau serol (gan gynnwys yr elfennau trwm) yn cael eu dychwelyd yn ôl i'r gofod yn ystod y cyfnodau olaf yng nghylchred oes sêr cewri.
- Cafodd Cysawd yr Haul ei ffurfio ar ôl i gwmwl o nwy a llwch gwympo, gan gynnwys yr elfennau a gafodd eu bwrw allan gan uwchnofa.
- Mae'r diagram Hertzsprung-Russell (HR) yn dangos priodweddau sêr, ac mae'n dangos llwybr esblygol seren dros gyfnod ei hoes.

# Cwestiynau enghreifftiol

1 Mae hi'n anodd iawn dychmygu'r pellteroedd rhwng gwrthrychau yn y gofod. Mae hyd yn oed y pellteroedd rhwng y planedau o fewn Cysawd yr Haul mor enfawr nes ei bod hi'n cymryd amser maith i gerbydau gofod o'r Ddaear eu cyrraedd nhw, blynyddoedd lawer mewn rhai achosion. Er enghraifft, cafodd y llong ofod o'r enw New Voyager a aeth heibio Plwton yn 2015 ei lansio o'r Ddaear ym mis Ionawr 2006 , ac er mai hwn oedd y cerbyd cyflymaf erioed i gael ei anfon o'r Ddaear, cymerodd dros 9 mlynedd i gyrraedd Plwton. Yn ffodus, mae yna un peth sy'n teithio mor gyflym nes y gallwn ni fynegi'r pellteroedd enfawr yn y gofod yn nhermau pa mor bell mae'n teithio mewn 1 eiliad, neu hyd yn oed ar gyfer pellteroedd anferthol, y pellter mae'n ei deithio mewn blwyddyn. Golau yw hwn, wrth gwrs. Mae golau'n teithio 300 000 cilometr mewn 1 eiliad a hyd yn oed ar y buanedd hwnnw, mae golau'n cymryd 500 s i'n cyrraedd ni o'r Haul. Gallen ni ddweud bod yr Haul 500 eiliad golau i ffwrdd. Mae'r seren agosaf at ein Haul ni tua 4 blwyddyn golau i ffwrdd, mae sêr eraill cyn belled â miliynau o flynyddoedd golau oddi wrthyn ni.

Dyma rai o'r pellteroedd sy'n cael eu defnyddio ym maes seryddiaeth:

- 1 uned seryddol (AU) yw'r pellter rhwng y Ddaear a'r Haul
- 1 eiliad golau yw'r pellter mae golau'n ei deithio mewn 1 eiliad = 300 000 km.

(a) (i) Beth yw ystyr blwyddyn golau? [1]

(ii) Mae'r Haul 500 eiliad golau oddi wrth y Ddaear.
Defnyddiwch yr hafaliad isod i gyfrifo'r pellter hwn mewn km. [2]

pellter = buanedd × amser

(iii) Mae radiws orbit Sadwrn yn 9 AU. Defnyddiwch eich ateb i ran (ii) i gyfrifo radiws ei orbit mewn km. [2]

(b) Ar ddiwedd 'oes' sêr prif ddilyniant, maen nhw'n mynd drwy gyfnodau sy'n dibynnu ar eu màs. Dewiswch eiriau neu frawddegau o'r rhestr i gwblhau'r diagram canlynol. [4]

cawr coch    corrach du    corrach gwyn    uwchnofa    seren niwtron

TGAU Ffiseg CBAC Uned 2: Grymoedd, gofod ac ymbelydredd Haen Sylfaenol DAE

2 Mae yna 8 planed yng Nghysawd yr Haul, rhai ohonynt â lleuad neu leuadau mewn orbit o'u hamgylch, llawer o asteroidau a rhai corblanedau. Mae'r planedau mewn orbit o amgylch yr Haul. Amser orbit planed y Ddaear yw un flwyddyn. Mae nifer y blynyddoedd mae planed yn eu cymryd i gyflawni orbit o amgylch yr Haul yn dibynnu ar bellter y blaned oddi wrth yr Haul, fel mae'r tabl isod yn ei ddangos. Mae'r tabl yn rhoi data am chwech o'r planedau yng Nghysawd yr Haul.

| Planed | Pellter cymedrig oddi wrth yr Haul ($\times 10^8$ km) | Tymheredd arwyneb cymedrig (°C) | Amser ar gyfer un orbit o'r Haul (blynyddoedd) |
|---|---|---|---|
| Gwener | 1.1.0 | 480 | 0.62 |
| Daear | 1.50 | 22 | 1.00 |
| Mawrth | 2.25 | −23 | 1.88 |
| Iau | 7.80 | −150 | 11.86 |
| Sadwrn | 14.00 | −180 | 29.46 |
| Wranws | 29.00 | −210 | 84.01 |

Mae'r graff yn Ffigur 14.5 yn dangos sut mae buanedd orbitol y planedau'n newid gyda'u pellter oddi wrth yr Haul.

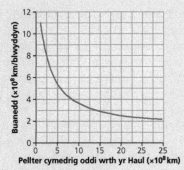

**Ffigur 14.5**

Defnyddiwch ddata o'r tabl a'r graff i ateb y cwestiynau canlynol.

(a) Beth yw buanedd orbitol Sadwrn (mewn km/blwyddyn)? [1]

(b) Mae gan gorblaned, Ceres, ddiamedr o 700 km a buanedd orbitol o $5.8 \times 10^8$ km/blwyddyn. Mae'n teithio $2.67 \times 10^9$ km wrth gwblhau un orbit o amgylch yr Haul.

   (i) Defnyddiwch y graff i ganfod pellter Ceres oddi wrth yr Haul. [1]

   (ii) Defnyddiwch yr hafaliad isod i gyfrifo amser orbitol Ceres. [2]

$$amser = \frac{pellter}{buanedd}$$

(c) Amcangyfrifwch dymheredd cymedrig Ceres, gan ddangos eich gwaith cyfrifo neu esboniwch sut gwnaethoch chi gyrraedd eich ateb. [2]

(ch) Nodwch ddau reswm pam mae Ceres yn cymryd mwy o amser na'r Ddaear i gwblhau un orbit o amgylch yr Haul. [2]

TGAU Ffiseg CBAC Uned 2: Grymoedd, gofod ac ymbelydredd Haen Uwch DAE C4

3 Mae Cysawd yr Haul yn cynnwys yr Haul a'i blanedau.

(a) Enwch y grym sy'n cadw'r planedau mewn orbit o amgylch yr Haul. [1]

(b) (i) Ar wahân i'r Ddaear, enwch un blaned sydd ag adeiledd creigiog. [1]

   (ii) Enwch ddwy blaned sydd ag adeiledd nwyol. [1]

(c) Mae'r tabl isod yn rhoi data am bedair planed yng Nghysawd yr Haul.

Mae'r gwregys asteroidau wedi'i leoli rhwng y planedau Mawrth ac Iau. Ystyr asteroidau yw darnau o graig, o wahanol feintiau, wnaeth erioed gasglu at ei gilydd i ffurfio planed.

Pe bai planed wedi ffurfio o'r darnau o graig, defnyddiwch y data yn y tabl i amcangyfrif ei:

   (i) pellter oddi wrth yr Haul

   (ii) amser orbitol

   (iii) tymheredd arwyneb. [3]

| Planed | Pellter cymedrig o'r Haul ($\times 10^8$ km) | Tymheredd arwyneb cymedrig (°C) | Amser ar gyfer un orbit o'r Haul (blynyddoedd) |
|---|---|---|---|
| Daear | 1.50 | 22 | 1.00 |
| Mawrth | 2.25 | −23 | 1.88 |
| Iau | 7.80 | −150 | 11.86 |
| Sadwrn | 14.00 | −180 | 29.46 |

TGAU Ffiseg CBAC P1 Haen Uwch Ionawr 2007 C3

4 Cafodd ein Haul ni ei greu ac, yn y pen draw, bydd yn marw dros biliynau o flynyddoedd. Mae'r brawddegau isod yn disgrifio'r camau yn ei fywyd.

A Mae'r Haul yn mynd drwy gyfnod sefydlog.

B Mae'r Haul yn crebachu i ffurfio corrach gwyn.

C Mae disgyrchiant yn tynnu llwch a nwy at ei gilydd.

CH Mae'r Haul yn troi'n gawr coch.

(a) Rhowch y llythrennau A, B, C ac CH yn y drefn gywir. [3]

(b) Ym mha gam, A, B, C neu CH, mae'r Haul ar hyn o bryd? [1]

TGAU Ffiseg CBAC P3 Haen Sylfaenol Haf 2010 C1

**Atebion ar y wefan**

GWEFAN

# 15 Y Bydysawd

## Mesur y Bydysawd

ADOLYGU

Seryddwr o'r enw Edwin Hubble gymerodd y gwir fesuriadau cyntaf o faint y Bydysawd, gan ddefnyddio techneg o'r enw sbectrosgopeg serol yn 1929. Roedd Hubble yn gwybod bod nwyon poeth yn amsugno ac yn allyrru golau â thonfeddi (a lliwiau) penodol iawn, a oedd yn unigryw o nodweddiadol o'r elfennau a oedd wedi creu'r nwy – fel olion bysedd ar gyfer pob elfen! Yn ystod y bedwaredd ganrif ar bymtheg, roedd seryddwyr wedi darganfod y gallen nhw ddefnyddio sbectrosgopeg serol i bennu cyfansoddiad sêr. Mae sbectra pob seren yn cynnwys llinellau du, lle mae tonfeddi wedi eu tynnu o'r sbectrwm di-dor gan yr elfennau sydd yn y seren – yr enw ar hyn yw sbectrwm amsugno. Drwy gymharu'r sbectra amsugno hyn â sbectra elfennau gwahanol yma ar y Ddaear, gall seryddwyr ddweud pa elfennau sy'n bresennol yn y seren.

Hubble oedd y person cyntaf i ddefnyddio sbectrosgopeg serol i fesur buanedd galaethau o'r Ddaear gan ddefnyddio ffenomen o'r enw rhuddiad. Roedd sbectra amsugno nifer o sêr yn ymddangos fel eu bod wedi eu dadleoli neu wedi eu 'syflyd' at donfeddi ychydig yn hirach (tuag at ben coch y sbectrwm, sy'n esbonio 'rhuddiad') gan fod y sêr yn y galaethau'n symud oddi wrth y Ddaear.

## Deddf Hubble

Astudiodd Hubble nifer o alaethau a'u plotio yn erbyn eu pellter o'r Ddaear. Darganfyddodd fod yna berthynas rhwng buanedd yr alaeth a'i phellter o'r Ddaear. Deddf Hubble yw'r enw ar y berthynas hon:

> 'Mae'r cyflymder encilio mewn cyfrannedd â phellter yr alaeth o'r Ddaear.'

neu

> 'Mae'r cynnydd mewn rhuddiad mewn cyfrannedd â'r pellter o'r Ddaear.'

Hubble oedd y person cyntaf hefyd i gynnig esboniad am y patrwm hwn mewn **rhuddiad cosmolegol**. Yn ôl damcaniaeth Hubble, roedd y cynnydd yn y rhuddiad mewn perthynas â'r pellter o ganlyniad i ehangiad y Bydysawd sydd wedi digwydd ers y Glec Fawr – wrth i'r Bydysawd ehangu, mae tonfedd y pelydriad hefyd yn cael ei estyn!

> **Rhuddiad cosmolegol** yw'r newid yn nhonfedd pelydriad ers iddo gael ei allyrru o ganlyniad i ehangiad y Bydysawd.

---

**Cyngor**

Mae cwestiynau sbectra amsugno fel arfer yn ymwneud â dehongli diagramau sbectrol. Yn gyffredinol, graddfa y diagramau hyn yw tonfedd y llinellau amsugno, gyda'r tonfeddi byr, llinellau/lliwiau glas/fioled ar y chwith a'r tonfeddi hirach, lliwiau/llinellau coch ar y dde.

## Profi eich hun

1 Nodwch beth yw Deddf Hubble.

2 Yn 1842, dywedodd yr athronydd Auguste Comte y gallen ni fesur pellter a mudiant planedau a sêr ond na allen ni byth wybod dim am eu cyfansoddiad. Wyth mlynedd ar hugain yn gynharach, roedd y gwyddonydd o'r Almaen, Fraunhofer, wedi sylwi ar linellau tywyll yn sbectrwm yr Haul. Yn ddiweddarach, byddai seryddwyr yn defnyddio'r llinellau hyn i brofi bod yr athronydd yn anghywir. Mae Ffigur 15.1 yn dangos (mewn llwyd) sbectrwm yr Haul â'r 'llinellau Fraunhofer' hyn a graddfa tonfedd.

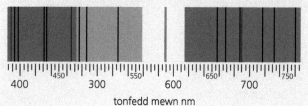

tonfedd mewn nm

Ffigur 15.1

(a) Esboniwch sut mae'r llinellau Fraunhofer yn cael eu ffurfio ac sut maen nhw'n dweud wrthyn ni am gyfansoddiad yr Haul.

(b) Roedd seryddwr yn arsylwi sbectra dwy alaeth a oedd newydd eu darganfod. Gwelodd fod y llinellau yn y sbectra o'r ddwy alaeth wedi'u 'rhuddo' o'u cymharu â sbectrwm ffynhonnell golau mewn labordy. Mae Ffigur 15.2 yn dangos yr un rhan o'r sbectrwm o'r tair ffynhonnell sy'n cael eu disgrifio uchod. Beth gallai'r gwyddonwyr ei gasglu ynghylch pellter y ddwy alaeth hyn o'n galaeth ein hunain? Esboniwch eich ateb.

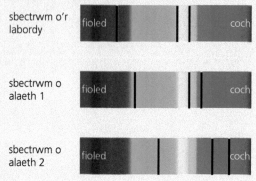

sbectrwm o'r labordy

sbectrwm o alaeth 1

sbectrwm o alaeth 2

Ffigur 15.2

3 Mae Ffigur 15.3 yn dangos llinellau tywyll sydd i'w gweld ar sbectrwm gweladwy seren.

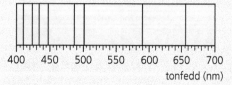

tonfedd (nm)

Ffigur 15.3

(a) Copïwch a chwblhewch y tabl isod. Nodwch yr elfennau sy'n bresennol yn y seren drwy roi Y (ydy) neu N (nac ydy) yng ngholofn olaf pob rhes.

| Elfen | Tonfedd (nm) | Yn bresennol yn y seren? |
|---|---|---|
| Heliwm | 447 502 | |
| Haearn | 431 467 496 527 | |
| Hydrogen | 410 434 486 656 | |
| Sodiwm | 590 | |

(b) Esboniwch sut a pham byddai'r llinellau tywyll hyn yn ymddangos mewn mannau gwahanol ar sbectrwm seren mewn galaeth pell.

Atebion ar dudalen 123

# Y Glec Fawr

ADOLYGU

Cafodd damcaniaeth Y Glec Fawr am ffurfiant ac esblygiad dilynol y Bydysawd ei chynnig fel ffordd o esbonio mesuriadau a deddf Hubble. Os daeth y Bydysawd i fodolaeth o ganlyniad i ffrwydrad enfawr, yna dylai fod yn parhau i ehangu hyd heddiw. Mae rhuddiad cosmolegol yn dangos i ni fod y gyfradd ehangu yn cynyddu; hynny yw, mae ehangiad y Bydysawd yn 'cyflymu'. Mae damcaniaeth Y Glec Fawr hefyd yn rhagfynegi bod symiau enfawr o egni, ar ffurf pelydrau gama â llawer o egni, wedi cael eu creu adeg Y Glec Fawr. Wrth i'r Bydysawd ehangu, gan estyn ffabrig y gofod, roedd tonfedd y pelydrau gama wedi estyn hefyd – y rhuddiad cosmolegol. Dros 13.75 biliwn o flynyddoedd o ehangu, mae'r donfedd wedi cael ei hestyn gymaint fel bod tonfeddi gweddillion cefndir y pelydrau gama hyn yn debyg i donfeddi microdonnau – Pelydriad Cefndir Microdonnau Cosmig (CMBR), a gafodd ei ddarganfod yn anfwriadol gan Arno Penzias a Robert Wilson yn 1964. Gwnaethon nhw ddarganfod eu bod yn codi'r un signal cefndir, i ba gyfeiriad bynnag roedden nhw'n pwyntio eu telesgop microdonnau tuag ato. Yn sydyn iawn, fe sylweddolon nhw mai gweddillion pelydrau gama a gafodd eu creu adeg Y Glec Fawr oedd y signalau hyn, wedi eu rhuddo'n gosmolegol at donfeddi microdonnau.

> **Cyngor**
>
> Camddealltwriaeth sy'n digwydd yn aml yw meddwl bod tonfedd golau'n cynyddu o ganlyniad i fudiant y sêr a'r galaethau sy'n allyrru'r golau wrth iddyn nhw gyflymu oddi wrth y Ddaear. Dydy hyn ddim yn wir. Ehangiad y gofod sy'n achosi'r cynnydd hwn yn y donfedd – ehangiad cosmolegol. Wrth i'r gofod ehangu, mae'r donfedd hefyd yn ehangu.

## Profi eich hun

PROFI

4 Beth mae'r rhuddiad cosmolegol yn dystiolaeth ohono?
5 Mae'r CMBR yn cynnig tystiolaeth ar gyfer damcaniaeth Y Glec Fawr. Sut mae'n gwneud hyn?

Atebion ar dudalen 123

## Crynodeb

- Mae atomau nwy'n amsugno golau ar donfeddi penodol, sy'n nodweddiadol o'r elfennau yn y nwy.
- Gallwch chi ddefnyddio data am sbectra elfennau gwahanol i adnabod nwyon o sbectrwm amsugno.
- Roedd gwyddonwyr y bedwaredd ganrif ar bymtheg yn gallu datgelu cyfansoddiad cemegol sêr drwy astudio'r llinellau amsugno yn eu sbectra.
- Dangosodd mesuriadau Edwin Hubble o sbectra galaethau pell fod tonfeddi'r llinellau amsugno wedi cynyddu a bod y 'rhuddiad cosmolegol' hwn yn cynyddu wrth i'r pellter gynyddu.

- Mae rhuddiad cosmolegol y pelydriad sy'n cael ei allyrru gan sêr a galaethau'n digwydd gan fod y Bydysawd wedi ehangu ers i'r pelydriad gael ei allyrru.
- Cafodd bodolaeth pelydriad cefndir ei rhagfynegi gan ddamcaniaeth y Glec Fawr ynghylch tarddiad y Bydysawd, a chafodd ei ganfod yn anfwriadol yn yr 1960au. Yn dilyn rhuddiad, y Pelydriad Cefndir Microdonnau Cosmig (CMBR) yw gweddillion y pelydriad a gafodd ei gynhyrchu pan gafodd y Bydysawd ei greu.
- Mae rhuddiad cosmolegol a'r Pelydriad Cefndir Microdonnau Cosmig wedi cynnig tystiolaeth o blaid damcaniaeth y Glec Fawr ynghylch tarddiad y Bydysawd.

## Cwestiynau enghreifftiol

1 Mae Ffigur 15.4 yn dangos atomau nwy yn atmosffer allanol, oerach seren mewn galaeth sydd 20 miliwn o flynyddoedd golau i ffwrdd.
   (a) Ysgrifennwch yr amser mae'n ei gymryd i olau ein cyrraedd ni o'r seren. [1]
   (b) Mae Ffigur 15.4 yn dangos golau o ran fewnol y seren yn pasio drwy ei hatmosffer allanol. Mae rhai o'r tonfeddi'n cael eu hamsugno.
   Mae Ffigur 15.5 yn dangos tri sbectra.

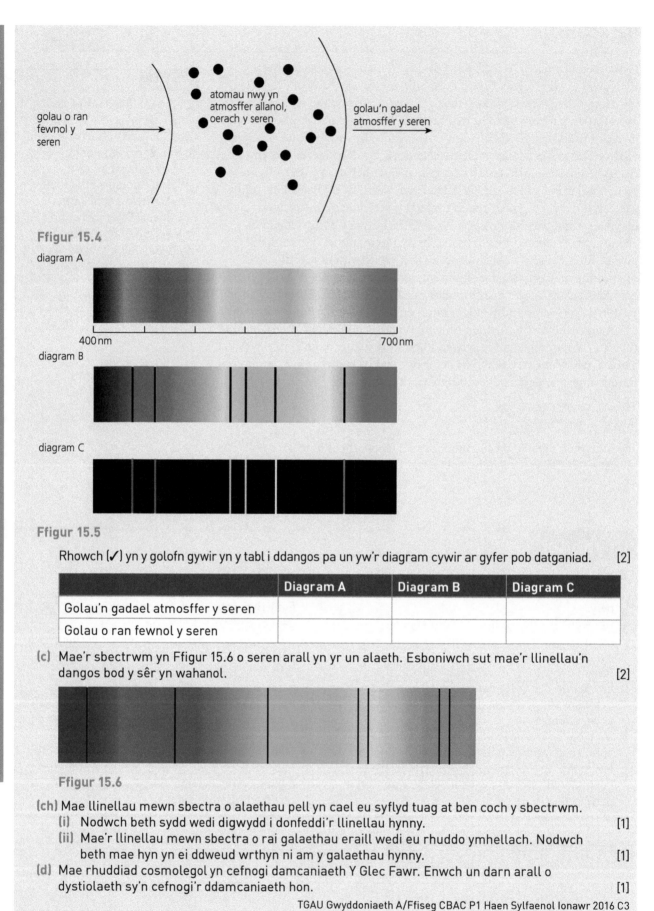

**Ffigur 15.4**

diagram A

400 nm                                    700 nm

diagram B

diagram C

**Ffigur 15.5**

Rhowch (✓) yn y golofn gywir yn y tabl i ddangos pa un yw'r diagram cywir ar gyfer pob datganiad. [2]

|  | Diagram A | Diagram B | Diagram C |
|---|---|---|---|
| Golau'n gadael atmosffer y seren |  |  |  |
| Golau o ran fewnol y seren |  |  |  |

(c) Mae'r sbectrwm yn Ffigur 15.6 o seren arall yn yr un alaeth. Esboniwch sut mae'r llinellau'n dangos bod y sêr yn wahanol. [2]

**Ffigur 15.6**

(ch) Mae llinellau mewn sbectra o alaethau pell yn cael eu syflyd tuag at ben coch y sbectrwm.
  (i) Nodwch beth sydd wedi digwydd i donfeddi'r llinellau hynny. [1]
  (ii) Mae'r llinellau mewn sbectra o rai galaethau eraill wedi eu rhuddo ymhellach. Nodwch beth mae hyn yn ei ddweud wrthyn ni am y galaethau hynny. [1]
(d) Mae rhuddiad cosmolegol yn cefnogi damcaniaeth Y Glec Fawr. Enwch un darn arall o dystiolaeth sy'n cefnogi'r ddamcaniaeth hon. [1]

TGAU Gwyddoniaeth A/Ffiseg CBAC P1 Haen Sylfaenol Ionawr 2016 C3

2 (a) Esboniwch sut roedd gwyddonwyr yn y bedwaredd ganrif ar bymtheg yn gallu datgelu cyfansoddiad cemegol sêr. [3]

→

(b) Disgrifiwch y canfyddiadau sy'n codi o fesuriadau Syr Edwin Hubble ynghylch sbectra galaethau pell. [2]

(c) Esboniwch sut mae presenoldeb Pelydriad Cefndir Microdonnau Cosmig (CMBR) yn cefnogi damcaniaeth Y Glec Fawr. [2]

TGAU Gwyddoniaeth A/Ffiseg CBAC P1 Haen Sylfaenol Ionawr 2016 C5

3 Patrwm o linellau du ar gefndir lliw yw sbectrwm amsugno seren.

Ffigur 15.7

(a) Mae'r blychau yn y golofn ar y chwith isod yn rhestru pedair o briodweddau'r sbectrwm. Mae'r blychau yn y golofn ar y dde yn rhestru achosion y priodweddau hyn. Tynnwch linell o bob nodwedd ar y chwith at ei achos cywir ar y dde. [3]

| Nodwedd | Achos |
|---|---|
| Un llinell ddu | O ganlyniad i donfeddi golau gweladwy sy'n cael eu hallyrru gan y seren |
| Mae'r llinellau du'n symud tuag at ben coch y sbectrwm | O ganlyniad i'r elfennau nwyol yn y seren |
| Patrwm o linellau du | O ganlyniad i ruddiad cosmolegol |
| Cefndir lliw | O ganlyniad i un donfedd o olau'n cael ei hamsugno |

(b) Enwch y ddamcaniaeth mae rhuddiad cosmolegol yn ei chefnogi. [1]

TGAU Gwyddoniaeth A/Ffiseg CBAC P1 Haen Sylfaenol Mehefin 2016 C1

4 Mae'r diagram cyntaf yn Ffigur 15.8 yn dangos sbectrwm golau gwyn ar ôl iddo gael ei basio drwy hydrogen yn y labordy.
Mae'r ail sbectrwm yn dod o alaeth sydd $4 \times 10^9$ blwyddyn golau i ffwrdd.

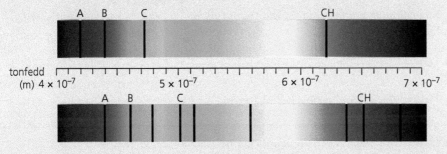

Ffigur 15.8

(a) Nodwch yr amser mae'n ei gymryd i olau deithio o'r alaeth aton ni. [1]

(b) Cyfrifwch y newid yn nhonfedd llinell A rhwng sbectrwm y labordy a sbectrwm yr alaeth. [1]

(c) Esboniwch pa wybodaeth gallwn ni ei chanfod am yr alaeth drwy gymharu'r ddau sbectrwm. (Peidiwch â chynnwys datblygiad damcaniaethau am y Bydysawd yn eich ateb.) [6 AYE]

TGAU Gwyddoniaeth A/Ffiseg CBAC P1 Haen Uwch Mehefin 2016 C6

Atebion ar y wefan

GWEFAN

# 16 Mathau o belydriad

## Y tu mewn i'r niwclews

ADOLYGU

Mae niwclews atom yn cynnwys gronynnau â gwefr bositif (protonau), a gronynnau niwtral (niwtronau). **Rhif proton**, Z, yw'r enw ar nifer y protonau yn y niwclews; **rhif niwcleon**, A, yw'r enw ar nifer y protonau + nifer y niwtronau. Yn aml, rydyn ni'n defnyddio nodiant $^A_Z X$ i ddangos gwerthoedd Z ac A, lle mae X yn cynrychioli symbol cemegol yr atom dan sylw. Er enghraifft, mae 52.4 y cant o'r holl atomau plwm sy'n bodoli'n naturiol yn cynnwys niwclysau wedi eu gwneud o 82 proton a 126 niwtron, sef cyfanswm o 208 niwcleon, h.y. $^{208}_{82} Pb$. Mae gan blwm **isotopau** eraill hefyd – niwclysau â'r un nifer o brotonau, ond nifer gwahanol o niwtronau. Mae'r isotopau gwahanol yn aml wedi'u hysgrifennu fel Pb-208, Pb-207, a.y.b., lle mae'r rhif yn cyfeirio at y rhif niwcleon.

> Y **rhif proton** yw nifer y protonau.
>
> Y **rhif niwcleon** yw cyfanswm nifer y protonau a'r niwtronau.
>
> Mae **isotopau** yn ffurfiau gwahanol ar elfen benodol. Mae gan isotopau yr un nifer o brotonau ond nifer gwahanol o niwtronau.

## Profi eich hun

PROFI

1 Defnyddiwch y nodiant $^A_Z X$ i ddisgrifio'r niwclysau ymbelydrol canlynol yn y tabl.

| Niwclews | Rhif proton, Z | Nifer y niwtronau | $^A_Z X$ |
|---|---|---|---|
| Lithiwm | 3 | 4 | |
| Carbon | 6 | 7 | |
| Strontiwm | 38 | 52 | |
| Tecnetiwm | 43 | 56 | |

Atebion ar dudalen 123

> **Cyngor**
>
> Weithiau rydyn ni'n galw'r rhif proton yn rhif atomig, ac weithiau rydyn ni'n galw'r rhif niwcleon yn fâs atomig. Dydy'r gwerthoedd hyn ddim yn fanwl gywir gan eu bod yn disgrifio atomau yn hytrach na niwclysau.

> **Cyngor**
>
> Mae'n hawdd i chi gyfrifo nifer y niwtronau sydd mewn niwclews drwy dynnu'r rhif proton o'r rhif niwcleon.

## Ymbelydredd niwclear

ADOLYGU

Mae rhai mathau o atomau'n ymbelydrol. Mae hyn yn golygu bod niwclews yr atom yn ansefydlog, o ganlyniad i ddiffyg cydbwysedd rhwng nifer y protonau a nifer y niwtronau. Gall chwalu ar wahân, gan allyrru pelydriad ïoneiddio ar ffurf ymbelydredd alffa (α), ymbelydredd beta (β) neu belydriad gama (γ).

- Niwclysau heliwm yw gronynnau alffa. Dyma'r rhai sy'n ïoneiddio fwyaf (ac felly'n achosi'r niwed mwyaf i gelloedd byw y tu mewn i'r corff) a'r math o ymbelydredd niwclear lleiaf treiddgar – maen nhw'n cael eu hamsugno gan ddalen o bapur tenau neu gan y croen. Mae'n hawdd storio gwastraff niwclear sy'n allyrru ymbelydredd alffa mewn cynwysyddion plastig neu fetel.

- Electronau â llawer o egni yw gronynnau beta. Mae ganddyn nhw allu ïoneiddio canolradd (a dydyn nhw ddim yn achosi llawer o niwed i gelloedd byw y tu mewn i'r corff); maen nhw'n cael eu hamsugno gan ychydig filimetrau o alwminiwm neu blastig Persbecs, ac mae gwastraff niwclear sy'n allyrru ymbelydredd beta yn cael ei storio y tu mewn i duniau metel a seilos concrit.
- Tonnau electromagnetig â llawer o egni yw pelydrau gama. Dyma'r rhai sy'n ïoneiddio leiaf (tua 20 gwaith yn llai na gronynnau alffa) ac, felly, dyma'r rhai sy'n achosi'r lleiaf o niwed i gelloedd byw y tu mewn i'r corff. Rhain yw'r rhai mwyaf treiddgar – maen nhw'n gallu teithio drwy sawl centimetr o blwm. Mae angen storio gwastraff niwclear sy'n cynnwys allyrwyr gama y tu mewn i seilos concrit trwchus wedi eu hamgylchynu â phlwm.

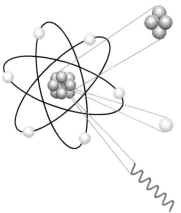

**Ymbelydredd alffa (α)**
Gronynnau yw'r rhain, nid pelydrau. Maen nhw'n teithio ar tua 10% o fuanedd golau. Mae gronyn α yn union yr un fath â niwclews heliwm – mae'n cynnwys 2 broton a 2 niwtron wedi'u huno â'i gilydd.

**Ymbelydredd beta (β)**
Electronau cyflym yw'r rhain sy'n dod o'r niwclews. Maen nhw'n teithio ar tua 50% o fuanedd golau.

**Pelydriad gama (γ)**
Ton electromagnetig yw hon. Mae'n teithio ar fuanedd golau ($3 \times 10^8$ m/s). Mae ganddi lawer iawn o egni.

**Ffigur 16.1 Ymbelydredd alffa, ymbelydredd beta a phelydriad gama.**

## Profi eich hun

PROFI

2 Cwblhewch y tabl crynhoi ar gyfer y tri math o belydriad ïoneiddio.

| Math o belydriad | Symbol | $^A_Z X$ | Pŵer treiddio | Pŵer ïoneiddio |
|---|---|---|---|---|
| Alffa | | | | |
| Beta | | | | |
| Gama | | | | |

Atebion ar dudalen 124

## Sefydlogrwydd y niwclews

ADOLYGU

Mewn atom sefydlog, mae cydbwysedd optimwm rhwng nifer y protonau a nifer y niwtronau yn y niwclews. Ond gall rhai isotopau fod â gormod neu ddim digon o niwtronau, gan achosi diffyg cydbwysedd sy'n gwneud y niwclews yn ansefydlog ac ymbelydrol. Er enghraifft:

- yn yr isotop plwm Pb-181, dim ond 99 niwtron sydd ganddo ac mae'n allyrrydd gronynnau alffa
- yn yr isotop plwm Pb-214, mae yna 132 niwtron ac mae'n allyrrydd beta.

Mae'r niwclews yn mynd yn fwy sefydlog drwy allyrru gronynnau alffa neu beta, gan adfer cydbwysedd optimwm y protonau a'r niwtronau, ac mae weithiau'n allyrru pelydriad gama hefyd.

# Hafaliadau niwclear

ADOLYGU

Gallwn ni ddefnyddio'r nodiant $_Z^A X$ i gynrychioli dadfeiliad niwclysau ymbelydrol mewn hafaliad niwclear. Mae gronynnau alffa'n cael eu hysgrifennu fel $_2^4 He$ gan eu bod yn cynnwys dau broton a dau niwtron, fel niwclews heliwm. Mae gronynnau beta'n cael eu hysgrifennu fel $_{-1}^0 e$, gan eu bod yn electronau.

## Dadfeiliad alffa

Hafaliad y dadfeiliad niwclear ar gyfer dadfeiliad alffa plwm-181 yw:

$$_{82}^{181} Pb \rightarrow _2^4 He + _{80}^{177} Hg$$

Mae niwclews plwm-181 yn allyrru gronyn alffa, gan golli 4 niwcleon (2 broton + 2 niwtron) i ffurfio mercwri-177.

## Dadfeiliad beta

Hafaliad y dadfeiliad niwclear ar gyfer dadfeiliad beta plwm-214 yw:

$$_{82}^{214} Pb \rightarrow _{-1}^0 e + _{83}^{214} Bi$$

Mae niwclews plwm-214 yn allyrru gronyn beta (electron). Mae'r rhif niwcleon yn aros yr un fath, ond mae'r rhif proton yn mynd un yn fwy, gan ffurfio bismwth-214.

> **Cyngor**
>
> Rhaid i bob hafaliad niwclear gydbwyso: rhaid i gyfanswm y rhif proton ar bob ochr fod yr un fath, a rhaid i gyfanswm y rhif niwcleon ar bob ochr fod yr un fath.

## Profi eich hun

PROFI

3 Cwblhewch yr hafaliadau dadfeiliad niwclear canlynol, drwy ddarganfod A a Z:

(a) $_{95}^{241} Am \rightarrow _2^4 He + _Z^A Np$

(b) $_{88}^{225} Ra \rightarrow _{-1}^0 e + _Z^A Ac$

Atebion ar dudalen 124

# Pelydriad cefndir

ADOLYGU

Mae pelydriad cefndir o'n cwmpas ni ym mhobman, ac mae'n dod yn naturiol o'n hamgylchedd ac o ffynonellau artiffisial (wedi'u gwneud gan bobl). Rhaid tynnu cyfradd cyfrif y pelydriad cefndir o unrhyw fesuriadau sy'n dod o ymbelydredd niwclear. Mae'r siart cylch yn Ffigur 16.2 yn dangos cyfraniad cymedrig gwahanol ffynonellau o belydriad cefndir.

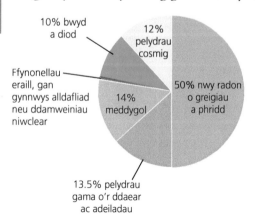

**Ffigur 16.2 Ffynonellau pelydriad cefndir.**

Mae'r rhan fwyaf o'r pelydriad cefndir yn dod o ffynonellau sy'n bodoli'n naturiol, yn bennaf o'r ddaear, o greigiau ac o'r gofod. Daw'r rhan fwyaf o belydriad cefndir artiffisial o ffynonellau meddygol, yn bennaf o ganlyniad i archwiliadau meddygol a deintyddol sy'n defnyddio pelydrau X. Daw'r gyfran fwyaf o belydriad cefndir o'r elfen ymbelydrol radon, sy'n cael ei hallyrru o greigiau (gwenithfaen) ac o'r pridd. Nwy yw radon ac mae'n gallu dianc o wenithfaen. Mae'n hawdd i bobl fewnanadlu radon ac mae'n mynd i'r ysgyfaint lle mae'n gallu dadfeilio. Mae'r gronynnau alffa sy'n cael eu hallyrru wrth i'r radon ddadfeilio yn cael eu hamsugno gan y celloedd sy'n leinio'r ysgyfaint, gan achosi i'r celloedd farw neu fwtanu (gan ffurfio canserau).

## Monitro a mesur dadfeiliad ymbelydrol

Proses ar hap yw dadfeiliad ymbelydrol ac mae hyn yn achosi problemau wrth gynnal gwaith arbrofol. Dylai darlleniadau gael eu hailadrodd a dylid cymryd cyfartaleddau cymedrig; rhaid tynnu pelydriad cefndir o'r darlleniadau ac, yn gyffredinol, rhaid cymryd y darlleniadau dros gyfnod hir. Rydyn ni'n defnyddio'r holl dechnegau hyn i leihau effaith amrywiadau ar hap yn y mesuriadau.

### Profi eich hun

4  Beth yw pelydriad cefndir?
5  Sut gallwn ni wella mesuriadau ymbelydredd drwy ystyried eu bod yn brosesau ar hap?

Atebion ar dudalen 124

## Gwastraff niwclear

Mae gwastraff niwclear lefel uchel o greiddiau adweithyddion niwclear yn cael ei storio dros dro mewn dŵr, gyda llawer o goncrit ac amddiffynfeydd plwm o'i gwmpas, wrth iddo oeri. Mae'r ymbelydredd yn cael ei amsugno gan y dŵr, y concrit a'r plwm. Yn y tymor hirach, mae'r gwastraff hwn yn cael ei gau mewn blociau gwydr – proses o'r enw 'gwydriad'. Yna mae'r blociau gwydr yn cael eu storio yn ddwfn dan ddaear, lle bydd y creigiau o'u cwmpas yn amsugno'r ymbelydredd. Mae'r prosesau oeri a gwydro cychwynnol yn cymryd degawdau, a bydd y defnydd ymbelydrol yn aros yn ymbelydrol am filiynau o flynyddoedd. Mae gwastraff niwclear lefel ganolradd o brosesau meddygol yn llai ymbelydrol na gwastraff lefel uchel ac mae'n cael ei gymysgu â choncrit a'i arllwys i mewn i ddrymiau dur, cyn cael ei storio'n ddiogel dan ddaear.

> **Cyngor**
>
> Mae cwestiwn 6 yn enghraifft o gwestiwn sy'n cynnwys tablau cymhleth. Yn yr arholiad, cofiwch dreulio amser yn astudio tablau'n ofalus iawn. Ailddarllenwch benawdau'r colofnau a'r rhesi a gwnewch yn siŵr eich bod yn gwybod yn union pa ddata sy'n cael eu rhoi i chi.

### Profi eich hun

6  Mae rhai elfennau ymbelydrol yn allyrru mwy nag un math o belydriad.
Cafodd y cyfarpar yn Ffigur 16.3 ei ddefnyddio i ymchwilio i'r pelydriad sy'n cael ei allyrru o dair ffynhonnell, A, B a C. Roedd y ffynonellau bob amser yn cael eu gosod yn yr un lle, yn agos at y canfodydd. Mae'r tabl isod yn dangos nifer cymedrig y cyfrifon fesul munud a gafodd eu cofnodi wrth i ddefnyddiau gwahanol gael eu gosod rhwng y ffynonellau a'r canfodydd. Mae pob darlleniad wedi cael ei gywiro i ganiatáu am belydriad cefndir.

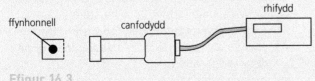

Ffigur 16.3

| | Cyfrif cymedrig /mun. heb unrhyw beth rhwng y ffynhonnell a'r canfodydd | Cyfrif cymedrig / mun. â phapur tenau rhyngddyn nhw | Cyfrif cymedrig /mun. â 3 mm o alwminiwm rhyngddyn nhw | Cyfrif cymedrig / mun. â 2 cm o blwm rhyngddyn nhw |
|---|---|---|---|---|
| A | 256 | 256 | 256 | 85 |
| B | 135 | 80 | 80 | 0 |
| C | 310 | 310 | 188 | 0 |

(a) Sut gallwch chi weld bod ffynhonnell A yn allyrru pelydrau gama (γ)?

(b) Pa ffynhonnell, A, B neu C, sy'n allyrru gronynnau alffa (α)? Rhowch reswm dros eich ateb.

(c) Mae ffynhonnell yr ymbelydredd beta'n cynnwys atomau o strontiwm-90, $^{90}_{38}$Sr.

   (i) Esboniwch beth sy'n digwydd i atom Sr-90 pan mae'n dadfeilio.

   (ii) Mae'r tabl isod yn dangos yr elfennau agosaf at strontiwm yn y tabl cyfnodol. Defnyddiwch y wybodaeth i benderfynu pa epilniwclews sy'n cael ei gynhyrchu pan mae Sr-90 yn dadfeilio drwy allyriad beta.

| Elfen | Crypton | Rwbidiwm | Strontiwm | Ytriwm | Sirconiwm |
|---|---|---|---|---|---|
| Symbol | Kr | Rb | Sr | Y | Zr |
| Rhif proton | 36 | 37 | 38 | 39 | 40 |

Atebion ar dudalen 124

## Crynodeb

- Gall sylweddau ymbelydrol allyrru ymbelydredd alffa (α; $^4_2$He) a beta (β; $^0_{-1}$e) a phelydriad gama (γ).
- Mae ymbelydredd alffa (α) a beta (β) a phelydriad gama (γ), golau uwchfioled a phelydrau X i gyd yn ïoneiddio, ac felly'n gallu rhyngweithio ag atomau a niweidio celloedd oherwydd yr egni maen nhw'n ei gludo.
- Mae allyriadau ymbelydrol o niwclysau atomig ansefydlog yn digwydd oherwydd diffyg cydbwysedd rhwng nifer y protonau a nifer y niwtronau.
- Y rhif niwcleon neu'r rhif màs, (A), yw'r enw ar nifer y protonau a'r niwtronau mewn niwclews atomig, a'r enw ar nifer y protonau yw'r rhif proton, (Z); fel rheol, mae cemegwyr yn galw hwn yn rhif atomig.
- Mae'r symbolau niwclear yn y nodiant $^A_Z$X (lle X yw'r symbol atomig o'r tabl cyfnodol) yn disgrifio atomau ymbelydrol, dadfeiliad, a hafaliadau dadfeiliad ymbelydrol cytbwys.
- Mae'r defnyddiau gwastraff o orsafoedd trydan niwclear a meddygaeth niwclear yn ymbelydrol; bydd rhai ohonyn nhw'n aros yn ymbelydrol am filoedd o flynyddoedd.
- Wrth fesur pelydriad, rhaid i ni ganiatáu am belydriad cefndir.
- Mae gan ymbelydredd alffa a beta a phelydriad gama bwerau treiddio gwahanol. Caiff ymbelydredd alffa'i amsugno gan ddalen o bapur tenau, a beta gan filimetrau o alwminiwm neu Bersbecs, ond mae angen centimetrau o blwm i amsugno gama.
- Mae'r gwahaniaethau rhwng pŵer treiddio alffa, beta a gama yn pennu pa mor niweidiol y

gallan nhw fod. Mae alffa'n cael ei amsugno'n hawdd ond hwnnw sy'n ïoneiddio fwyaf. Mae gama'n treiddio'n dda ond mae'n ïoneiddio tuag 20 gwaith yn llai nag alffa.
- Mae gwastraff niwclear yn cael ei storio mewn cyfres o systemau dal. Defnyddir tuniau dur, dŵr, concrit, gwydr a phlwm i amddiffyn yr amgylchedd rhag dosiau niweidiol o belydriad. Caiff y pelydriad a gynhyrchir gan y gwastraff ei amsugno gan wahanol gynwysyddion o wahanol drwch.
- Yr ateb tymor hir i storio gwastraff niwclear yw ei roi'n ddwfn dan ddaear, lle gall y creigiau o'i gwmpas amsugno'r pelydriad niweidiol.
- Mae pelydriad cefndir o'n cwmpas ni ym mhobman ac mae'n dod o ffynonellau naturiol neu artiffisial (wedi'u gwneud gan bobl).
- Mae ffynonellau naturiol o belydriad cefndir yn cynnwys radon o greigiau, pelydrau gama o'r ddaear ac adeiladau, pelydrau cosmig o'r gofod a phelydriad mewn bwyd a diod.
- Mae ffynonellau artiffisial o belydriad cefndir yn cynnwys pelydr X o archwiliad meddygol ac alldafliad niwclear o brawf arfau neu ddamwain.
- Daw'r rhan fwyaf (rhwng 50% a 90%) o'n pelydriad cefndir ni o nwy radon (gan ddibynnu lle rydych chi'n byw). Mae lefelau uwch o radon mewn ardaloedd fel Cernyw, lle mae llawer o graig gwenithfaen, gan fod y gwenithfaen yn cynnwys wraniwm sy'n dadfeilio (yn y pen draw) i roi radon.

# Cwestiynau enghreifftiol

1 Darllenwch y wybodaeth isod.

Mae'r 92 elfen gyntaf yn y tabl cyfnodol yn bodoli'n naturiol ar y Ddaear. Mae elfennau eraill wedi eu creu gan fodau dynol, fel arfer mewn adweithyddion niwclear. Mae atomau rhai elfennau'n bodoli ar ffurfiau eraill, sef isotopau. Mae pob isotop o'r un elfen yn cynnwys yr un nifer o brotonau. Fodd bynnag, mae isotopau o elfennau gwahanol yn gallu rhannu'r un rhif niwcleon; mae'r tabl isod yn dangos rhai o'r rhain.

| Isotop | Rhif proton | Rhif niwcleon |
|---|---|---|
| Americiwm (Am) | 95 | 238 |
| Wraniwm (U) | 92 | 238 |
| Thoriwm (Th) | 90 | 238 |
| Califforniwm (Cf) | 98 | 238 |

(a) Darllenwch y gosodiadau isod a thiciwch (✓) y rhai cywir. [3]

| Gosodiad | |
|---|---|
| Mae gan atomau'r isotopau hyn i gyd yr un nifer o brotonau yn eu niwclysau. | |
| Mae gan atom wraniwm 92 niwtron yn ei niwclews. | |
| Atom califforniwm sydd â'r nifer mwyaf o brotonau yn ei niwclews. | |
| Atom califforniwm sydd â'r nifer lleiaf o niwtronau yn ei niwclews. | |
| Dydy wraniwm ddim yn elfen sy'n bodoli'n naturiol. | |
| Mae gan atom wraniwm 92 proton yn ei niwclews. | |

(b) Cwblhewch hafaliad dadfeiliad wraniwm-238 i ffurfio thoriwm yn yr hafaliad isod. [2]

$$^{238}_{92}U \rightarrow {}^{4}_{2}\alpha + {}^{-}_{-}Th$$

(c) Nodwch y ddau isotop cywir ar gyfer wraniwm o'r rhestr isod. [2]

$$^{238}_{92}U \qquad ^{238}_{89}U \qquad ^{234}_{90}U \qquad ^{235}_{92}U \qquad ^{238}_{91}U$$

TGAU Ffiseg CBAC Uned 2: Grymoedd, gofod ac ymbelydredd Haen Sylfaenol DAE C1

2 Mae ffynonellau a chanrannau pelydriad cefndir i'w gweld yn y siart cylch yn Ffigur 16.4. Dydy'r siart cylch ddim wedi ei luniadu wrth raddfa.

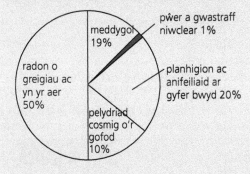

Ffigur 16.4

(a) (i) Pa ganran o belydriad cefndir sy'n dod o ffynonellau naturiol? [1]

(ii) Defnyddiwch y siart cylch i esbonio pam byddai cynyddu dulliau cynhyrchu pŵer niwclear yn arwain at gynnydd bach yn unig yn y pelydriad cefndir. [1]

(b) Rhowch reswm pam mae pelydriad cefndir yn amrywio o le i le. [1]

TGAU Ffiseg CBAC P2 Haen Sylfaenol Haf 2010 C4

3 Mae darn o graig yn rhoi darlleniad ar rifydd sydd wedi'i gysylltu â chanfodydd pelydriad. Mae'r graig yn cael ei lapio mewn defnyddiau amrywiol ac mae darlleniadau gwahanol yn cael eu harsylwi mewn cyfrifon y funud (cpm).

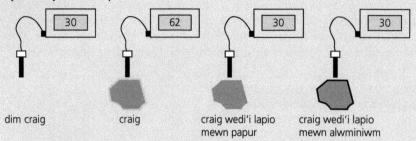

dim craig      craig      craig wedi'i lapio mewn papur      craig wedi'i lapio mewn alwminiwm

**Ffigur 16.5**

(a) (i) Nodwch y math neu'r mathau o belydriad mae'r graig yn eu hallyrru. [2]

   (ii) Esboniwch eich dewis. [2]

(b) Mae'r graig nawr wedi'i lapio mewn plwm. Esboniwch beth byddech chi'n disgwyl i'r darlleniad ar y rhifydd ei ddangos. [2]

TGAU Ffiseg Cydran 1 Cysyniadau mewn Ffiseg CBAC/EDUQAS Haen Sylfaenol Papur Enghreifftiol C8

4 (a) (i) Rhowch reswm pam mae gwastraff ymbelydrol yn risg i iechyd pobl, e.e. risg canser. [2]

   (ii) Rhowch reswm pam mae'n ddrud cael gwared â gwastraff ymbelydrol yn ddiogel.

(b) Mae sampl o wastraff ymbelydrol yn allyrru ymbelydredd alffa ($\alpha$), ymbelydredd beta ($\beta$) a phelydriad gama ($\gamma$). Pan mae'n cael ei osod o flaen canfodydd, mae'r sampl yn rhoi darlleniad o 450 cyfrif/munud. Mae'r diagramau yn Ffigur 16.6 yn dangos y gyfradd gyfrif pan mae amsugnyddion gwahanol yn cael eu gosod rhwng y sampl a'r canfodydd.

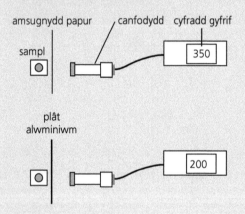

**Ffigur 16.6**

(i) Faint o'r 450 cyfrif/munud sy'n deillio o ymbelydredd alffa ($\alpha$)? [1]

(ii) Faint o'r 450 cyfrif/munud sy'n deillio o ymbelydredd gama ($\gamma$)? [1]

(iii) Esboniwch pam mae'r amsugnydd alwminiwm yn gwneud y gyfradd gyfrif wreiddiol 250 cyfrif/munud yn llai. [2]

TGAU Ffiseg CBAC P2 Haen Sylfaenol Haf 2010 C8

**Atebion ar y wefan**

GWEFAN

# 17 Hanner oes

## Dadfeiliad ymbelydrol a thebygolrwydd ADOLYGU

Mae dadfeiliad ymbelydrol yn broses sy'n digwydd ar hap, ond mae pob sylwedd ymbelydrol yn dadfeilio mewn ffordd debyg, gan ddilyn yr un patrwm. Mae gan atomau ymbelydrol debygolrwydd cyson o ddadfeilio, ac maen nhw'n dilyn yr un rheolau tebygolrwydd â phrosesau eraill sy'n digwydd ar hap, er enghraifft taflu dis. Y tebygolrwydd o daflu chwech ar ddis yw 1/6 – yn yr un ffordd, mae tebygolrwydd rhifiadol gyson y bydd atom ymbelydrol yn dadfeilio. Hynny yw, er na allwch chi ddweud yn sicr pa atomau mewn sylwedd ymbelydrol fydd yn dadfeilio mewn amser penodol, gallwch chi ragfynegi faint ohonyn nhw fydd yn dadfeilio. Mae gan bob sylwedd ymbelydrol debygolrwydd dadfeilio penodol; mae gan rai sylweddau debygolrwydd uchel iawn ac maen nhw'n dadfeilio'n gyflym iawn, tra mae tebygolrwydd sylweddau eraill yn fach iawn ac maen nhw'n parhau'n ymbelydrol am amser hir iawn. Uned actifedd dadfeiliad ymbelydrol yw'r becquerel, Bq. Mae actifedd 1 Bq yn hafal i 1 dadfeiliad ymbelydrol bob eiliad.

## Hanner oes ADOLYGU

Mae defnyddiau ymbelydrol yn dadfeilio mewn ffordd sy'n hawdd iawn ei rhagfynegi. Mae'r graff yn Ffigur 17.1 yn dangos cromlin nodweddiadol ar gyfer dadfeiliad ymbelydrol, sef dadfeiliad iridiwm-192, Ir-192.

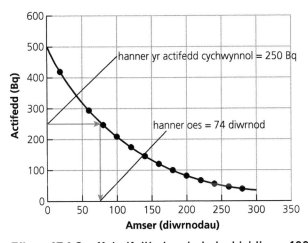

**Ffigur 17.1** Graff dadfeiliad ymbelydrol iridiwm-192.

Actifedd cychwynnol y sampl yw 500 Bq. Ar ôl 74 diwrnod, mae'r actifedd wedi gostwng i 250 Bq – hanner y swm gwreiddiol. Hanner oes iridiwm-192 yw'r enw ar yr amser hwn. Ar ôl 74 diwrnod arall, mae'r actifedd wedi gostwng i 125 Bq – hanner 250 Bq – ac ar ôl pob hanner oes, mae'r actifedd yn haneru. Hanner oes sylwedd ymbelydrol yw'r amser mae'n ei gymryd i actifedd sylwedd haneru. Mae gan rai sylweddau hanner oes byr iawn ac maen nhw'n dadfeilio'n gyflym iawn, tra bo gan sylweddau eraill hanner oes hir iawn ac maen nhw'n aros yn ymbelydrol am amser hir iawn – mae gan rai ohonyn nhw hanner oes sydd gryn dipyn yn hirach nag oed y Bydysawd.

Hanner oes ffynhonnell iridiwm-192 yw 74 diwrnod ac mae ganddi actifedd cychwynnol o 1200 Bq. Beth fydd actifedd y ffynhonnell iridiwm ar ôl 222 diwrnod?

Ateb

Nifer hanner oes mewn 222 diwrnod $= \dfrac{222 \text{ diwrnod}}{74 \text{ diwrnod}} = 3$ hanner oes

Ar ôl 1 hanner oes (74 diwrnod) bydd yr actifedd yn $\dfrac{1200 \text{ Bq}}{2} = 600 \text{ Bq}$

Ar ôl yr ail hanner oes (148 diwrnod), bydd yr actifedd yn $\dfrac{600 \text{ Bq}}{2} = 300 \text{ Bq}$

Ar ôl y trydydd hanner oes (222 diwrnod), bydd yr actifedd yn $\dfrac{300 \text{ Bq}}{2}$ $= 150 \text{ Bq}$

**Cyngor**

Mae dadfeiliad pob defnydd ymbelydrol yn dilyn yr un patrwm. Gall eu hactifedd a'u hanner oes fod yn wahanol, ond mae siâp y gromlin dadfeiliad bob amser yr un fath.

## Profi eich hun

PROFI

1 Pam mae pob sylwedd ymbelydrol yn dilyn patrwm tebyg wrth ddadfeilio?
2 Beth yw ystyr hanner oes ymbelydrol?
3 Er mwyn astudio llif y gwaed, mae meddyg yn chwistrellu peth tecnetiwm-99 (Tc-99) i mewn i glaf. Mae'r pelydriad gama sy'n cael ei ryddhau gan yr atomau Tc-99 yn cael ei ganfod gan ddefnyddio camera gama y tu allan i gorff y claf. Mae'r graff yn Ffigur 17.2 yn dangos sut mae'r gyfradd gyfrif o sampl o Tc-99 yn newid dros amser.

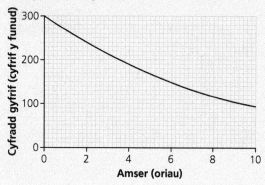

Ffigur 17.2

(a) (i) Faint o oriau mae'n ei gymryd i'r gyfradd gyfrif ostwng o 300 cyfrif y funud i 150 cyfrif y funud?
(ii) Beth yw hanner oes Tc-99?
(iii) Pa mor hir bydd hi'n ei gymryd i'r gyfradd gyfrif ostwng o 300 i 75 cyfrif y funud?
(b) Esboniwch pam byddai ffynhonnell sy'n allyrru ymbelydredd alffa yn anaddas er mwyn astudio llif y gwaed.

Atebion ar dudalen 124

# Defnyddio ymbelydredd

ADOLYGU

Mae'r defnydd sy'n cael ei wneud o ddefnyddiau ymbelydrol yn dibynnu ar eu priodweddau, yn benodol:

● hanner oes
● pŵer treiddio
● pŵer ïoneiddio.

Yn y byd meddygol, mae defnyddiau ymbelydrol yn cael eu defnyddio mewn dwy brif ffordd: ym maes delweddu ac mewn (triniaeth) therapi. Gallwn ni hefyd ddefnyddio isotop carbon-14 i ddyddio oedran defnyddiau (marw) hen iawn.

Atebion i'r cwestiynau enghreifftiol: www.hoddereducation.co.uk/fynodiadauadolygu

## Delweddu radio

Mae'r defnydd ymbelydrol yn cael ei chwistrellu i mewn i'r corff. Mae'n cyrraedd y man penodol sydd angen ei ymchwilio ac mae'n allyrru pelydrau gama, sy'n gallu cael eu canfod y tu allan i'r corff. Mae allyrwyr gama yn cael eu defnyddio, er enghraifft tecnetiwm-99 sydd â hanner oes o chwech awr. Bydd hwn yn aros yn ymbelydrol am tua 30 awr yn unig (tua 5 hanner oes). Dydy pelydrau gama ddim yn achosi llawer o broblemau i'r corff gan eu bod yn pasio'n syth drwyddo ac maen nhw'n ïoneiddwyr gwan iawn.

## Radiotherapi

Mae hyn yn ymwneud â defnyddio defnyddiau ymbelydrol i ladd celloedd sydd wedi eu heffeithio (rhai canseraidd fel arfer). Mae'n bosibl defnyddio ymbelydredd beta gyda'r ffynhonnell y tu mewn i'r corff, gan nad yw'n gallu teithio'n bell mewn cnawd, fel mai dim ond y celloedd sy'n agos at y rhan darged sy'n cael eu niweidio. Ychydig ddyddiau yw'r hanner oes sy'n cael ei ddewis fel arfer, ond mae'n dibynnu ar y dos sydd ei angen – bydd hanner oes hirach yn rhoi dos uwch.

## Dyddio carbon

Mae carbon-14 yn isotop carbon ymbelydrol sy'n bodoli'n naturiol. Dim ond tua 1 atom ym mhob 10 000 000 000 atom carbon sy'n atom carbon-14. Mae carbon-14 yn allyrrydd beta ymbelydrol â hanner oes o 5730 o flynyddoedd a gallwn ni ei ddefnyddio i ddyddio gwrthrychau organig hyd at tua 60 000 blwydd oed – tua'r un amser ag y cychwynnodd ein cyndeidiau cynnar ni, yr Homo sapiens, allfudo o Affrica. Mae popeth byw yn cynnwys carbon, ac rydyn ni'n gwybod yn union beth yw cymhareb atomau carbon-12 sydd ddim yn ymbelydrol i atomau carbon-14 ymbelydrol mewn pethau byw – gan ei fod yn dibynnu ar gyfansoddiad carbon deuocsid yn yr atmosffer. Pan mae creadur neu blanhigyn organig byw yn marw, mae cymhareb carbon-12 i carbon-14 yn dechrau newid wrth i'r carbon-14 ddadfeilio a heb i fwy o garbon-14 gael ei ychwanegu (gan nad oes ffotosynthesis a/neu resbiradaeth yn digwydd ar ôl i'r creadur neu'r planhigyn farw). Os yw cymhareb carbon-12 i carbon-14 mewn gwrthrych organig marw yn cael ei fesur, yna mae'n bosibl defnyddio hanner oes carbon-14 i weithio tuag yn ôl i ddarganfod pa bryd roedd y gymhareb yr un fath ag y mae mewn organebau byw nawr. Gallwn ni ddefnyddio graff tebyg i'r un yn Ffigur 17.3 i fesur canran y carbon-14 sydd ar ôl, o'i gymharu â sampl byw.

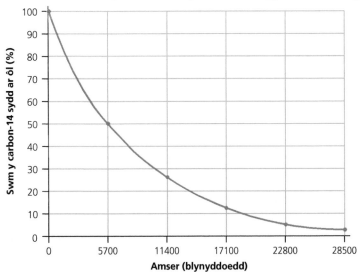

**Ffigur 17.3** Graff dadfeiliad ymbelydrol carbon-14.

**Cyngor**

Mae Cwestiwn 6 isod yn ymwneud â lluniadu graff dadfeiliad. Pan mae angen i chi luniadu graff mewn arholiad, rydych chi bron bob amser yn cael yr echelinau a'r grid. Y peth pwysicaf i'w wneud yw plotio'r pwyntiau'n fanwl gywir, a lluniadu cromlin ffit orau – cofiwch wirio eich graff ddwy neu dair gwaith ar ôl i chi ei blotio a chyn i chi luniadu'r gromlin, a defnyddiwch bensil fel y gallwch chi ei ddileu os byddwch chi'n gwneud camgymeriad.

## Profi eich hun

4 Mae'r defnydd (use) sy'n cael ei wneud o sylwedd ymbelydrol yn dibynnu ar ba 3 o briodweddau'r sylwedd ymbelydrol?

5 Nodwch ddwy ffordd mae sylweddau ymbelydrol yn cael eu defnyddio yn y byd meddygol.

6 (a) Hanner oes carbon-14 yw 5700 blwyddyn. Brasluniwch graff actifedd yn erbyn amser, gan ddangos dadfeiliad carbon-14 o actifedd cychwynnol o 64 cyfrif y funud.

   (b) Pan mae coed yn fyw, maen nhw'n amsugno ac yn allyrru carbon-14 (ar ffurf carbon deuocsid) fel bod swm y carbon-14 ynddyn nhw'n aros yn gyson.

     (i) Beth sy'n digwydd i swm carbon-14 mewn coeden ar ôl iddi farw?

     (ii) Mae sampl pren o fwthyn hynafol yn rhoi 36 cyfrif y funud. Mae sampl tebyg o bren byw yn rhoi 64 cyfrif y funud. O'ch graff, dewch i gasgliad ynghylch oedran y bwthyn. (Dangoswch ar eich graff sut cawsoch eich ateb.)

Atebion ar dudalen 124

## Crynodeb

- Mae dadfeiliad ymbelydrol yn digwydd ar hap, yn unol â deddfau tebygolrwydd. Gallwn ni fodelu dadfeiliad ymbelydrol drwy rolio casgliad mawr o ddisiau, taflu nifer mawr o ddarnau arian neu ddefnyddio taenlen wedi'i rhaglennu'n addas.

- Yr hanner oes yw'r amser mae'n ei gymryd i hanner yr atomau yn y sampl ddadfeilio; mae hwn yn gysonyn mewn unrhyw elfen benodol. Mae hanner oes elfennau ymbelydrol gwahanol yn amrywio o lai nag eiliad i biliynau o flynyddoedd.

- Gallwn ni blotio actifedd sampl o isotop yn erbyn amser ar graff, ac o hyn gallwn ni fesur hanner oes yr isotop hwnnw. Enw'r graff yw graff dadfeiliad ymbelydrol.

- Uned dadfeiliad ymbelydrol yw becquerel, Bq. Mae 1 Bq yn golygu 1 dadfeiliad ymbelydrol bob eiliad.

- Mae carbon-14 yn isotop carbon ymbelydrol sy'n bodoli'n naturiol. Mae'n allyrru gronynnau beta, a'i hanner oes yw 5370 o flynyddoedd. Drwy gymharu cyfran y carbon-14 â'r isotop arferol carbon-12, gallwn ni ddyddio gwrthrychau organig hyd at 60 000 blwydd oed.

- Mae nodweddion y mathau gwahanol o ddadfeiliad ymbelydrol, er enghraifft hanner oes, pŵer treiddio a gallu ïoneiddio, yn golygu eu bod nhw'n ddefnyddiol at ddibenion gwahanol, er enghraifft defnydd meddygol fel delweddu radio a radiotherapi.

## Cwestiynau enghreifftiol

1 Mae myfyrwraig yn cynnal arbrawf â disiau er mwyn ymchwilio i ddadfeiliad ymbelydrol. Mae'r disiau, sy'n cynrychioli atomau ymbelydrol, yn cael eu taflu gyda'i gilydd ar y llawr. Mae'r rhai sy'n dangos chwech yn cael eu tynnu oddi yno. Mae'r rhain yn cynrychioli'r atomau mae eu niwclysau wedi dadfeilio. Mae'r disiau sydd ar ôl (atomau heb ddadfeilio) yn cael eu taflu eto ac mae'r broses yn cael ei hailadrodd sawl tro. Mae 600 dis gan y fyfyrwraig ar y dechrau.

   (a) (i) Rhagfynegwch sawl dis fyddai'n dangos chwech ar y tafliad cyntaf. [1]

     (ii) Nodwch pam nad yw'r fyfyrwraig yn gallu rhagfynegi pa ddisiau fydd yn dangos chwech. [1]

   (b) Mae canlyniadau'r arbrawf i'w gweld yn y tabl isod.

| Tafliad | Nifer y tafliadau chwech | Nifer y disiau sydd ar ôl |
|---|---|---|
| 0 | 0 | 600 |
| 1 | 95 | 505 |
| 2 | 85 | 420 |
| 3 | | 350 |
| 4 | 60 | 290 |
| 5 | 50 | 240 |
| 6 | 40 | 200 |
| 7 | 30 | 170 |
| 8 | 25 | 145 |

Atebion i'r cwestiynau enghreifftiol: **www.hoddereducation.co.uk/fynodiadauadolygu**

(i) Llenwch y bwlch yn y tabl uchod. [1]

(ii) Plotiwch y canlyniadau ar y grid isod a thynnwch linell addas. [3]
Mae tri phwynt wedi eu plotio i chi.

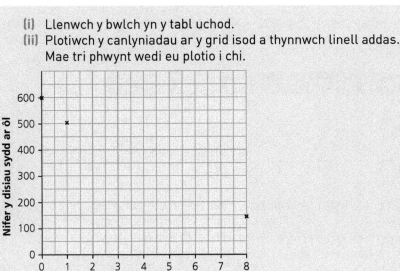

**Ffigur 17.4**

(iii) Tynnwch linellau ar eich graff er mwyn i chi allu darganfod hanner oes y dis. [2]

(c) Mae Americiwm-241 yn sylwedd ymbelydrol sy'n cael ei ddefnyddio mewn larymau mwg mewn tai. Mae'n dadfeilio drwy allyrru gronynnau alffa.

(i) Nodwch pam mae Americiwm-241 yn ymbelydrol. [1]

(ii) Beth yw gronyn alffa? [1]

(iii) Esboniwch pam nad yw defnyddio Americiwm-241 mewn larymau mwg yn y tŷ, pan maen nhw'n cael eu defnyddio mewn ffordd normal, yn cyflwyno risg sylweddol i iechyd y bobl sy'n byw yn y tŷ. [2]

TGAU Gwyddoniaeth Ychwanegol/Ffiseg CBAC P2 Haen Uwch Ionawr 2016 C1

2 Mae'r graff yn Ffigur 17.5 yn dangos y dadfeiliad ymbelydrol mewn cyfrifon y funud (cpm) ar gyfer sampl o carbon-14.

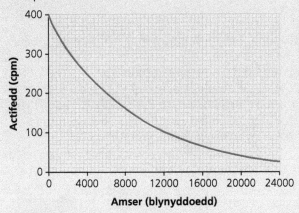

**Ffigur 17.5**

(a) Defnyddiwch wybodaeth o'r graff i ateb y cwestiynau canlynol.

(i) Nodwch yr actifedd ar ôl 4000 o flynyddoedd. [1]

(ii) Nodwch yr amser mae'n ei gymryd i'r actifedd ostwng o 400 cpm i 100 cpm. [1]

(iii) Nodwch hanner oes carbon-14. [1]

(iv) Nodwch yr amser y byddai wedi ei gymryd i'r actifedd ostwng o 800 cpm i 400 cpm. [1]

(b) Y symbol niwclear ar gyfer carbon-14 yw C. Cwblhewch y tabl canlynol ar gyfer niwclews carbon-14. [3]

| Rhif niwcleon | |
|---|---|
| Nifer y protonau yn ei niwclews | |
| Nifer y niwtronau yn ei niwclews | |

TGAU Gwyddoniaeth Ychwanegol/Ffiseg CBAC P2 Haen Uwch Mai 2016 C4

3   Mae meddygaeth niwclear yn defnyddio radioisotopau sy'n allyrru pelydriad o du mewn y corff. Mae un olinydd yn defnyddio ïodin, sy'n cael ei chwistrellu i mewn i'r corff i drin y chwarren thyroid. Mae'r tabl yn dangos pedwar isotop ïodin.

| Ffurf ar ïodin | Ymbelydredd sy'n cael ei allyrru | Hanner oes |
|---|---|---|
| Ïodin-125 | Gama | 59.4 diwrnod |
| Ïodin-128 | Beta | 25 munud |
| Ïodin-129 | Beta a gama | 15 000 000 blynedd |
| Ïodin-131 | Beta a gama | 8.4 diwrnod |

(a) Mae Ïodin-129 yn allyrru ymbelydredd beta a phelydriad gama. Disgrifiwch natur y mathau hyn o ymbelydredd. [2]

(b) Mae'r tabl yn dangos mai hanner oes ïodin-125 yw 59.4 diwrnod. Nodwch beth yw ystyr hyn. [2]

(c) (i) Defnyddiwch y data i esbonio pam mai ïodin-131 yw'r ffurf fwyaf addas ar ïodin i drin canser y thyroid. [2]

   (ii) Ar ôl cael eu trin ag ïodin-131, mae cleifion yn cael eu cynghori na fydd yr ymbelydredd maen nhw'n ei dderbyn yn gostwng yn ôl i'r gwerth cefndir tan 12 wythnos ar ôl y driniaeth. Cyfrifwch y ffracsiwn ymbelydrol sy'n deillio o ïodin-131 a fydd yn weddill ar ôl 12 wythnos. [3]

TGAU Gwyddoniaeth Ychwanegol/Ffiseg CBAC P2 Haen Uwch Mai 2016 C3

4   Gallwn ni ddefnyddio isotopau ïodin i astudio'r chwarren thyroid yn y corff. Mae swm bach o'r isotop ymbelydrol yn cael ei chwistrellu i mewn i glaf ac mae'r ymbelydredd yn cael ei ganfod y tu allan i'r corff. Gallen ni ddefnyddio'r tri isotop: $^{123}_{53}I$; $^{131}_{53}I$ and $^{132}_{53}I$. Mae eu hanner oes yn 13.22 awr, 8 diwrnod ac 13.2 awr yn ôl eu trefn.

Atebwch y cwestiwn canlynol yn nhermau niferoedd y gronynnau.

(a) Cymharwch adeileddau niwclysau $^{123}_{53}I$ ac $^{131}_{53}I$. [2]

(b) Mae niwclews $^{131}_{53}I$ yn dadfeilio i senon (Xe) drwy allyrru ymbelydredd beta (β) a phelydriad gama (γ).

   (i) Beth yw ymbelydredd beta? [1]

   (ii) Cwblhewch yr hafaliad isod i ddangos dadfeiliad I-131. [2]

   $$^{131}_{53}I \rightarrow \ ^{...}_{54}Xe + \ ^{0}_{...}\beta + \gamma$$

(c) Mae isotop $^{123}_{53}I$ yn dadfeilio drwy gyfrwng allyriad gama. Esboniwch pam mae hi'n well defnyddio $^{123}_{53}I$ na $^{131}_{53}I$ fel olinydd meddygol. [2]

(ch) (i) Mae gan I-131 hanner oes o 8 diwrnod. Esboniwch beth yw ystyr y gosodiad hwn. [2]

   (ii) Ar ôl y drychineb yn yr atomfa yn Japan yn 2011, cafodd tabledi ïodin-127 ($^{127}_{53}I$) sydd ddim yn ymbelydrol eu rhoi i'r bobl oedd yn byw yn yr ardal fel eu bod nhw'n derbyn llai o'r ïodin-131 oedd wedi gollwng o'r adweithydd. Cyfrifwch am faint o amser roedd rhaid i bobl gymryd y tabledi cyn i actifedd ïodin-131 ostwng i tua 3 % o'i werth gwreiddiol yn syth ar ôl y gollyngiad. [2]

TGAU Ffiseg CBAC Uned 2: Grymoedd, gofod ac ymbelydredd Haen Uwch DAE C7

## Atebion ar y wefan

GWEFAN

# 18 Dadfeiliad niwclear ac egni niwclear

## Ymholltiad niwclear

Mae sefydlogrwydd niwclews atomig yn cael ei bennu gan nifer y protonau a'r niwtronau sydd y tu mewn i'r niwclews. Mae niwclysau trwm (yn gyffredinol, rhai sydd â rhifau proton uwch na 27, fel haearn, Fe) yn tueddu i fod â nifer mawr o niwtronau o'i gymharu â nifer y protonau. Mae hyn yn eu gwneud yn ansefydlog ac maen nhw'n gallu ymhollti – proses o'r enw ymholltiad niwclear. Rydyn ni'n galw niwclysau sy'n gallu ymhollti yn niwclysau ymholltog. Mae ymholltiad niwclear yn rhyddhau egni. Ar raddfa fawr, mae'n bosibl cynhyrchu symiau anferthol o egni dan reolaeth mewn adweithydd niwclear. Gallwn ni ddefnyddio'r egni (ar ffurf gwres) i gynhyrchu trydan – yr enw ar hyn yw pŵer niwclear. Mae ymholltiad 1 kg o danwydd niwclear yn gallu cynhyrchu 83 000 000 000 000 J o egni; o'i gymharu, mae llosgi 1 kg o lo yn gallu cynhyrchu 35 000 000 J. Mewn un math o adweithydd niwclear, mae niwclysau wraniwm-235 yn ymhollti'n ddau epilniwclews pan fydd niwtronau sy'n symud yn araf yn eu peledu o bob cyfeiriad. Mae'r broses yn cynhyrchu dau neu dri niwtron arall, a gall y rhain yn eu tro achosi ymholltiad niwclysau U-235 eraill, ac yn y blaen, gan gychwyn adwaith cadwynol cynaliadwy.

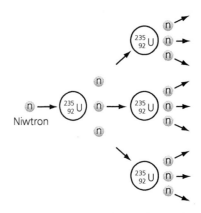

Ffigur 18.1 **Adwaith cadwynol mewn wraniwm-235.**

Gallwn ni ddefnyddio'r hafaliad niwclear canlynol i gynrychioli un digwyddiad ymhollti:

$$^{235}_{92}U + ^{1}_{0}n \rightarrow ^{144}_{56}Ba + ^{89}_{36}Kr + 3^{1}_{0}n + egni$$

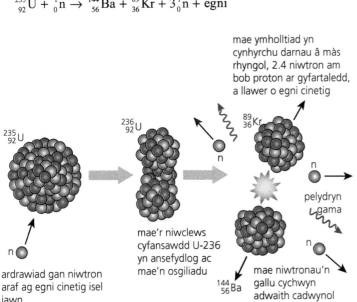

mae ymholltiad yn cynhyrchu darnau â màs rhyngol, 2.4 niwtron am bob proton ar gyfartaledd, a llawer o egni cinetig

$^{235}_{92}U$

$^{236}_{92}U$

$^{89}_{36}Kr$

pelydryn gama

ardrawiad gan niwtron araf ag egni cinetig isel iawn

mae'r niwclews cyfansawdd U-236 yn ansefydlog ac mae'n osgiliadu

$^{144}_{56}Ba$

mae niwtronau'n gallu cychwyn adwaith cadwynol

Ffigur 18.2 **Ymholltiad wraniwm-235.**

Mae epilniwclysau adweithiau ymholltiad hefyd yn ymbelydrol ac maen nhw'n dadfeilio drwy allyriadau alffa, beta neu gama. Mae hanner oes y rhain yn amrywio'n fawr ond, yn gyffredinol, maen nhw'n eithriadol o hir (fel arfer cannoedd o filoedd o flynyddoedd) a byddan nhw'n aros yn beryglus o ymbelydrol am amser hir iawn. Dyma pam mae angen dull hynod o ddiogel i storio rhai mathau o wastraff niwclear yn y tymor hir.

---

**Cyngor**

Gall cwestiynau sy'n ymwneud ag ymholltiad niwclear fod yn anodd. Dydy nifer y niwtronau sy'n cael eu cynhyrchu pan mae U-235 yn ymhollti ddim yn gyson ac mae'n amrywio rhwng un a thri. Cofiwch ddarllen y cwestiwn yn ofalus bob tro ac edrychwch yn fanwl ar unrhyw ddiagramau neu hafaliadau ymholltiad i wneud yn siŵr eich bod yn gwybod faint o niwtronau sy'n cael eu cynhyrchu.

## Rheoli a chyfyngu ar yr adwaith

Dydy ymholltiad niwclear ddim yn bosibl oni bai bod y niwtronau sy'n peledu'r niwclysau yn symud yn ddigon araf. I gychwyn adwaith cadwynol, mae angen arafu'r niwtronau cyflym sy'n cael eu rhyddhau mewn ymholltiad. Mae'r rhodenni tanwydd yn yr adweithydd wedi eu hamgylchynu gan ddefnydd o'r enw cymedrolydd, sy'n arafu'r niwtronau. Dŵr yw hwn fel arfer (sydd hefyd yn gweithredu fel oerydd a mecanwaith trosglwyddo gwres ar gyfer yr adweithydd). Gallwn ni atal adwaith cadwynol yn gyfan gwbl, ei gyflymu neu ei arafu, drwy reoli nifer y niwtronau araf yn yr adweithydd. Mae'n bosibl gwneud hyn drwy roi rhodenni rheoli sy'n amsugno niwtronau yn y bylchau rhwng y rhodenni tanwydd. Mae craidd adweithydd niwclear yn allyrru symiau enfawr o belydriad ar ffurf pelydrau gama a niwtronau, a rhaid ei amddiffyn rhag yr amgylchedd. Mae gorchudd metel trwchus o amgylch yr adweithydd, yn ogystal ag adeiladwaith cyfyngu wedi'i wneud o goncrit trwchus o amgylch y gorchudd metel.

## Profi eich hun

PROFI

1 Beth yw ymholltiad niwclear?
2 Faint yn fwy o egni sy'n cael ei gynhyrchu gan ymholltiad 1 kg o wraniwm-235 o'i gymharu â llosgi 1 kg o lo?
3 Mewn adwaith ymholltiad niwclear heb ei reoli, pan mae niwtron sy'n symud yn araf yn taro atom U (wraniwm), mae'r atom yn ymhollti. Yn yr adwaith hwn, mae dau niwtron cyflym yn cael eu cynhyrchu, ynghyd â darnau ymholltiad ymbelydrol Ba (bariwm) a Kr (crypton).
   (a) Ysgrifennwch a chwblhewch yr hafaliad niwclear ar gyfer yr adwaith hwn.

$$^{235}_{92}U + ^{1}_{0}n \rightarrow ^{144}_{...}Ba + ^{...}_{36}Kr + 2^{1}_{0}n + egni$$

   (b) Mewn adweithydd niwclear, mae adwaith yr ymholltiad yn cael ei reoli drwy ddefnyddio rhodenni rheoli wedi'u gwneud o ddur boron, sy'n amsugno niwtronau'n hawdd, a chymedrolydd graffit sy'n cynyddu'r siawns y bydd atomau wraniwm yn ymhollti.
      (i) Nodwch sut mae'r cymedrolydd graffit yn cynyddu'r tebygolrwydd y bydd wraniwm yn ymhollti.
      (ii) Esboniwch sut gallwn ni gynyddu'r egni sy'n cael ei ryddhau o adweithydd niwclear.

Atebion ar dudalen 124

## Ymasiad niwclear

ADOLYGU

Mae'r egni sy'n cael ei gynhyrchu gan ein Haul hefyd yn cael ei gynhyrchu gan adweithiau niwclear. Yn yr achos hwn, mae'r adwaith niwclear yn ymwneud ag ymasiad (uno) niwclysau ysgafn, er enghraifft isotopau hydrogen: dewteriwm, $^{2}_{1}H$, a thritiwm, $^{3}_{1}H$, a rhyddhau egni.

Mewn prototeip o adweithydd ymasiad niwclear yma ar y Ddaear, mae nwy wedi'i ïoneiddio (plasma) o ddau o isotopau hydrogen – dewteriwm, $^{2}_{1}H$, a thritiwm, $^{3}_{1}H$, – yn ymasio â'i gilydd ar dymereddau uchel iawn (nifer o filiynau o raddau Celsius).

$$^{2}_{1}H + ^{3}_{1}H \rightarrow ^{4}_{2}He + ^{1}_{0}n$$

Gallai ymasiad 1 kg o hydrogen gynhyrchu dros 7 gwaith cymaint o egni ag ymasiad 1 kg o wraniwm-235. Y broblem sy'n gysylltiedig â dylunio adweithyddion ymasiad niwclear yw rheoli'r plasma ar dymheredd uchel a hefyd rheoli'r pelydriad sy'n cael ei allyrru yn ystod y broses.

### Cyngor

Mewn cwestiynau ar ymholltiad ac ymasiad niwclear, yn aml bydd gofyn i chi gwblhau hafaliadau niwclear. Rhaid i'r rhain gydbwyso: rhaid i gyfanswm y rhif proton gydbwyso ar y ddwy ochr, a rhaid i gyfanswm y rhif niwcleon fod yr un fath ar y ddwy ochr.

## Profi eich hun

4 Beth yw ymasiad niwclear?

5 Pam bydd angen gorchudd concrit trwchus iawn ar gyfer unrhyw adweithyddion ymasiad niwclear sy'n cael eu hadeiladu yma ar y Ddaear?

6 Mae'r hafaliad canlynol yn dangos adwaith niwclear. Bydd yr adwaith hwn yn digwydd dim ond os yw'r gronynnau ar ochr chwith yr hafaliad yn symud yn gyflym iawn tuag at ei gilydd. Mae angen tymheredd uchel iawn ar gyfer hyn. Yna mae'r adwaith yn rhyddhau swm mawr iawn o egni.

$$^{2}_{1}H + {}^{2}_{1}H \rightarrow {}^{3}_{2}He + {}^{1}_{0}n$$

(a) Dewiswch y gair neu'r geiriau cywir yn y cromfachau ar gyfer pob brawddeg isod.

   (i) Mae'r gronynnau sy'n taro yn erbyn ei gilydd yn yr adwaith hwn yn niwclysau [hydrogen / heliwm / ocsigen].

   (ii) Dyma enghraifft o adwaith [ymholltiad / cadwynol / ymasiad].

(b) Rhowch ddau reswm pam mae'n anodd iawn rheoli'r adwaith hwn.

(c) Amlinellwch y manteision dros gynhyrchu trydan o ymasiad niwclear yn hytrach nag ymholltiad niwclear yn y dyfodol.

*Atebion ar dudalen 124*

## Crynodeb

- Mae amsugno niwtronau araf yn gallu achosi ymholltiad mewn niwclysau wraniwm-235 (sy'n cael eu galw'n niwclysau ymholltog). Mae hyn yn rhyddhau egni ac mae allyriad niwtronau o ymholltiad o'r fath yn gallu arwain at adwaith cadwynol cynaliadwy.

- Swyddogaeth cymedrolydd mewn adweithydd niwclear yw arafu'r niwtronau cyflym sy'n cael eu cynhyrchu gan y broses ymholltiad niwclear, fel eu bod nhw'n gallu achosi mwy o ymholltiad.

- Mae rhodenni rheoli'n amsugno niwtronau, ac mae'n bosibl symud y rhodenni hyn i fyny ac i lawr i reoli nifer y niwtronau araf sydd yn y rhodenni tanwydd.

- Mae'r rhan fwyaf o gynhyrchion dadfeiliad ymholltiad niwclear yn ymbelydrol, ac mae gan lawer ohonyn nhw hanner oes hir iawn, felly rhaid eu storio'n ofalus y tu mewn i adeiladwaith cyfyngu'r adweithydd niwclear.

- Mae gwrthdrawiadau niwclysau ysgafn sydd â llawer o egni, yn enwedig isotopau hydrogen, yn gallu arwain at ymasiad sy'n rhyddhau symiau aruthrol o egni.

- Er mwyn i ymasiad ddigwydd, mae angen tymheredd uchel iawn; mae'n anodd cyrraedd a rheoli hyn.

- Mae problemau cyfyngu mewn adweithyddion ymholltiad ac ymasiad hefyd yn cynnwys atal niwtronau a phelydrau gama, a chyfyngu ar y gwasgedd mewn adweithyddion ymasiad.

## Cwestiynau enghreifftiol

1 Mae un adwaith ymholltiad posibl sy'n digwydd mewn adweithydd niwclear yn cael ei ddangos isod.

$$^{235}_{92}U + {}^{1}_{0}n \rightarrow {}^{90}_{36}X + {}^{143}_{56}Y + ...{}^{1}_{0}n$$

(a) Atebwch y cwestiynau canlynol gan ddefnyddio rhifau o'r rhestr. Gallwch chi ddefnyddio pob gwerth unwaith, fwy nag unwaith, neu ddim o gwbl.

  235    36    2    3    90    92

   (i) Cwblhewch yr hafaliad uchod. [1]

   (ii) Cwblhewch y brawddegau canlynol. [3]

     I  Nifer y protonau yn niwclews wraniwm (U) yw ..... .

     II  Nifer y gronynnau yn niwclews elfen X yw ..... .

     III  Nifer y protonau mewn niwclews isotop arall o wraniwm yw ..... .

(b) (i) Enwch pa ran o adweithydd niwclear sy'n arafu niwtronau. [1]

   (ii) Enwch pa ran o adweithydd niwclear sy'n atal adwaith cadwynol ddireolaeth. [1]

TGAU Gwyddoniaeth Ychwanegol/Ffiseg CBAC P2 Haen Sylfaenol Ionawr 2016 C1

→

2 Mae'r hafaliad canlynol yn dangos adwaith niwclear.

**Adweithyddion      Cynnyrch**

$${}^{2}_{1}H + {}^{3}_{1}H \rightarrow {}^{4}_{2}He + {}^{1}_{0}n$$

(a) Mae angen i'r adweithyddion symud yn gyflym iawn er mwyn i'r adwaith hwn ddigwydd ac mae'n anodd rheoli'r adwaith hwn ar y Ddaear. Cwblhewch y brawddegau canlynol. [2]
  (i) Mae'r adweithyddion yn gwrthdaro â llawer o egni drwy gynhyrchu'r nwy ...................... .
  (ii) Y broblem mae hyn yn ei achosi yw ........................................ .

(b) Dewiswch y gair cywir yn y cromfachau ym mhob brawddeg isod. [3]
  (i) Mae'r adweithyddion yn isotopau [hydrogen / heliwm / niwtronau].
  (ii) Mae gan yr adweithyddion yr un nifer o [niwtronau / protonau / niwcleonau].
  (iii) Mae'r adwaith hwn yn enghraifft o adwaith [ymasiad / ymholltiad / cadwynol].

(c) Rhowch ddau reswm pam mae'r adwaith hwn yn debygol o fod yn bwysig yn y dyfodol. [2]

TGAU Gwyddoniaeth Ychwanegol/Ffiseg CBAC P2 Haen Sylfaenol Mai 2016 C3

3 Gall egni gael ei ryddhau mewn adweithiau ymholltiad niwclear ac ymasiad niwclear.
  (a) Esboniwch sut mae adwaith cadwynol cynaliadwy dan reolaeth yn gallu digwydd mewn adweithydd ymholltiad niwclear sy'n cynnwys rhodenni tanwydd wraniwm, cymedrolydd a rhodenni rheoli. [4]
  (b) Esboniwch pam mae'n anodd cael adweithiau ymasiad niwclear dan reolaeth ar y Ddaear. [2]

TGAU Gwyddoniaeth Ychwanegol/Ffiseg CBAC P2 Haen Uwch Mai 2016 C4

4 (a) Dewiswch y gair neu'r ymadrodd cywir mewn cromfachau i gwblhau pob brawddeg am adweithyddion niwclear. [3]
  (i) Swyddogaeth y cymedrolydd yw [arafu'r niwtronau / darparu sianeli ar gyfer y nwy oeri / cyflymu'r adwaith].
  (ii) Swyddogaeth y rhodenni rheoli yw [amsugno niwtronau / darparu sianeli ar gyfer y nwy oeri / dal y rhodenni tanwydd].
  (iii) Swyddogaeth y cynhwysydd dur a choncrit yw [atal ffrwydrad niwclear / amsugno pelydriad / cadw'r plasma gyda'i gilydd].

(b) Gall yr adwaith niwclear canlynol ddigwydd mewn adweithydd niwclear. Defnyddiwch y diagram yn Ffigur 18.3 i'ch helpu i ateb y cwestiynau isod.

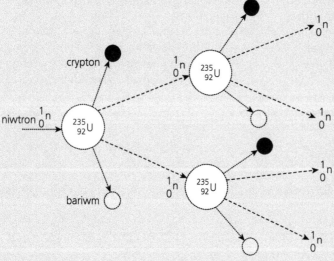

Ffigur 18.3

  (i) Ysgrifennwch enw'r math hwn o adwaith. [1]
  (ii) Enwch un cynnyrch gwastraff o'r adwaith hwn. [1]
(c) Rhowch ddau reswm pam mae storio defnyddiau gwastraff o adweithyddion niwclear mewn ffordd ddiogel yn bwnc llosg. [2]

TGAU Gwyddoniaeth Ychwanegol/Ffiseg CBAC P2 Haen Uwch Mai 2016 C6

**Atebion ar y wefan**

GWEFAN

# Atebion Profi eich hun

## Pennod 1 Cylchedau trydanol

1 Mewn cyfres â'r cydrannau eraill.

2 Cyfanswm y cerrynt = 1.3 A + 0.8 A = 2.1 A

3 Pe bai un o'r bylbiau'n torri, byddai'r 11 bwlb arall yn dal i weithio.

4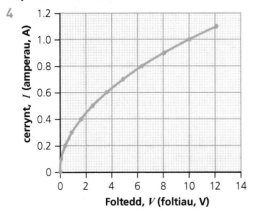

5 $I = \dfrac{V}{R} = \dfrac{3.0\,V}{15\,\Omega} = 0.2\,A$

6 $P = VI = 3.0\,V \times 0.2\,A = 0.6\,W$

## Pennod 2 Cynhyrchu trydan

1 Mae nwy'n cynhyrchu 46%, mae gwynt yn 2%; mae 23 gwaith cymaint o drydan yn cael ei gynhyrchu gan nwy, o'i gymharu â gwynt.

2 Nid yw'n cynhyrchu gwastraff ymbelydrol.

3 Gwynt a thonnau.

4 Er ei bod yn ddrud iawn comisiynu, cynnal a datgomisiynu trydan sy'n cael ei gynhyrchu gan bŵer niwclear, mae'n ddibynadwy iawn ac mae'n gallu cynhyrchu symiau mawr o drydan.

5 egni cemegol (yn y tanwydd) → egni cinetig (yr ager) → egni cinetig (y tyrbin) → egni trydanol (o'r generadur).

6 *Unrhyw ddau o'r rhain:*
   - darparu cyflenwad egni dibynadwy a diogel
   - sicrhau bod y cyflenwad yn cyd-fynd â'r galw dros amser
   - ymdopi â chynnydd sydyn yn y galw.

7 I leihau colledion egni ar ffurf gwres.

8 $P = VI = 230\,V \times 13\,A = 2990\,V$

9 $I = \dfrac{P}{V} = \dfrac{2500\,W}{230\,V} = 10.9\,A$

10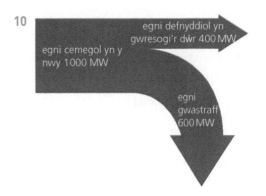

11 % effeithlonrwydd = $\dfrac{400\ MW}{1000\ MW} \times 100 = 40\%$

12 $18\,W \times \dfrac{90}{100} = 16.2\,W$

## Pennod 3 Defnyddio egni

1 Drwy ddargludiad drwy'r gwydr a'r gorchudd plastig/metel o gwmpas y lamp; drwy ddarfudiad yr aer o gwmpas y lamp a thrwy allyriad pelydriad isgoch o'r lamp boeth.

2 Mae metelau'n cynnwys electronau symudol o fewn eu hadeiledd ac mae'r rhain yn dargludo'r egni thermol yn dda iawn.

3 dwysedd $= \dfrac{\text{màs}}{\text{cyfaint}} = \dfrac{14\,400\ kg}{6\ m^3} = 2400\ kg/m^3$

4 màs = dwysedd × cyfaint = 1000 kg/m³ × 0.5 m³ = 500 kg

5 Darfudiad.

6 $54\,MJ = 54\,000\,000\,J = \left(\dfrac{54\,000\,000\,J}{3\,600\,000\,J}\right) = 15\,kW\,awr$

7 Nwy fyddai'n rhoi'r costau rhedeg rhataf gan mai dyma'r gost isaf fesul kW awr.

8 arbedion blynyddol $= \dfrac{\text{cost gosod}}{\text{amser ad-dalu}}$

   $= \dfrac{£350}{2.5} = £140$ y flwyddyn

## Pennod 4 Trydan domestig

1 egni sy'n cael ei drosglwyddo(J) = pŵer (W) × amser (s)

   egni sy'n cael ei drosglwyddo (J) = 200 W × (15 mun × 60 s) = 180 000 J = 180 kJ

2 nifer yr unedau a gafodd eu defnyddio (kW awr) = pŵer (kW) × amser (oriau)

   nifer yr unedau = 2 kW × 11 awr = 22 kW awr

   cost = nifer yr unedau × cost fesul uned

   cost = 22 kW awr × 15 c = £3.30

3 $P = VI$; wedi'i ad-drefnu: $I = \dfrac{P}{V} = \dfrac{2200\,\text{W}}{230\,\text{V}} = 9.6\,\text{A}$.
Byddai ffiws 13 A yn addas.

4 Mae cerrynt c.u. yn llifo i un cyfeiriad yn unig; mae cerrynt c.e. yn llifo i un cyfeiriad am hanner ei gylchred ac i'r cyfeiriad dirgroes am yr hanner arall.

5 Os oes gormod o gerrynt yn cael ei dynnu o'r uned defnyddiwr, bydd yn torri'r cylchedau.

6 Mae'n bosibl ailosod mcb, ond mae'n rhaid rhoi ffiws cetris newydd yn lle un sydd wedi ei ddefnyddio.

7 $\dfrac{£3500}{£700 \text{ y flwyddyn}} = 5$ mlynedd

8 Dim ond pan mae'r gwynt yn chwythu'n ddigon cryf y mae tyrbinau gwynt yn cynhyrchu trydan. Mae celloedd ffotofoltaidd yn cynhyrchu trydan yn ystod golau dydd.

## Pennod 5 Priodweddau tonnau

1 $\dfrac{50\,\text{m}}{10\,\text{s}} = 5\,\text{m/s}$

2 $f = \dfrac{v}{\lambda} = \dfrac{5\,\text{m/s}}{40\,\text{m}} = 0.125\,\text{Hz}$

3 $v = 5000\,\text{Hz} \times 0.792\,\text{m} = 3960\,\text{m/s}$

4 Mae cyfeiriad y mudiant mewn ton ardraws ar ongl sgwâr i gyfeiriad dirgryniadau'r don. Mae cyfeiriad y mudiant mewn ton arhydol i'r un cyfeiriad â chyfeiriad y dirgryniadau.

5 Gall pelydriad ïoneiddio ryngweithio ag atomau a niweidio celloedd oherwydd ei egnïon uchel.

6 (a) Tonnau radio    (b) Uwchfioled

(c) Isgoch; microdonnau   (ch) Pob un ohonyn nhw

(d) Tonnau radio; microdonnau; isgoch; golau gweladwy

7 ongl drawiad = ongl adlewyrchiad

8 Llinell ddychmygol ar ongl sgwâr i ddrych neu ffin rhwng cyfryngau, ac o'r llinell hon mae onglau trawiad, adlewyrchiad neu blygiant yn cael eu mesur.

9 Mae tonnau dŵr yn arafu pan maen nhw'n teithio o ddŵr dwfn i ddŵr bas.

10 Mae microdonnau'n teithio mewn llinellau syth, felly rhaid cael llinell weld glir i gyfathrebu dros bellteroedd hir. Gan fod arwyneb y Ddaear yn grwm, gellir paladru signalau microdonnau at loeren a'u trawsyrru i ochr arall y Ddaear.

## Pennod 6 Adlewyrchiad mewnol cyflawn tonnau

1 Mae'r paladr yn profi adlewyrchiad mewnol cyflawn.

2 Mae angen un set i fynd â golau o ffynhonnell i lawr i'r corff, a set arall i drawsyrru'r adlewyrchiadau yn ôl i fyny.

3 Does dim pelydriad ïoneiddio'n cael ei ddefnyddio; gellir cymryd biopsi hefyd; a delweddau lliw, agos.

4 (a) Microdonnau        (b) Isgoch

(c) Microdonnau

5 Mae signalau i lawr ffibrau optegol yn teithio ar fuanedd golau y defnydd hwnnw. Mae signalau trydanol yn teithio'n llawer arafach i lawr ceblau copr.

6 Mae cryfder y signal yn lleihau wrth iddo deithio i lawr y ffibr, felly mae'n rhaid ei gyfnerthu bob 30 km.

7 (a) Oediad amser $= \dfrac{18\,400\,000\,\text{m}}{200\,000\,000\,\text{m/s}} = 0.092\,\text{s}$

(b) Oediad amser $= \dfrac{76\,000\,000\,\text{m}}{300\,000\,000\,\text{m/s}} = 0.25\,\text{s}$

## Pennod 7 Tonnau seismig

1 Tonnau S.

2 Mae tonnau S yn teithio'n arafach na thonnau P.

3 Tonnau P.

4 Dydy tonnau S ddim yn gallu teithio drwy'r craidd hylifol allanol.

5 Tonnau P.

6 Mae tonnau arwyneb yn lledaenu'n arafach ar draws arwyneb platiau tectonig (fel arfer, ar fuaneddau rhwng 1 a 6 km/s).

7 Offeryn mesur ar gyfer canfod a chofnodi osgled symudiad y tir/y ddaear yn ystod daeargryn.

8 Echelinau llorweddol = amser; echelinau fertigol = osgled y dirgryniad.

9 Tonnau P.

10 Yr oediad amser rhwng cyrhaeddiad y tonnau P a'r tonnau S mewn gorsaf fesur.

11 Mae angen 3 gorsaf wedi'u lleoli'n bell oddi wrth ei gilydd i driongli uwchganolbwynt y daeargryn.

12 Amser teithio P $= \dfrac{\text{pellter}}{\text{buanedd}} = \dfrac{145\,\text{km}}{8\,\text{km/s}} = 18\,\text{s}$
Byddai'r tonnau P yn cael eu canfod yn Wrecsam am 18 awr : 09 mun : 30 s.

13 Tonnau S.

14 Tonnau P a thonnau S.

15 Tonnau P.

16 Mae buanedd tonnau seismig yn cynyddu â dyfnder, gan wneud i'r tonnau blygu a newid cyfeiriad.

17 Mae'r tonnau P yn symud o'r fantell i'r craidd allanol.

## Pennod 8 Damcaniaeth ginetig

1 (a) 3.125 N/cm²

(b) 6.25 N/cm²

2 400 000 N

3 0.125 m²

4  $2.25 \times 10^5$ Pa

5  2 litr

6  352 m³

7  209 litr

8  1 342 000 J

9  8736 J

10  13 475 J

## Pennod 9 Electromagneteg

1  Fel yn Ffigur 9.1

2  Wrth i gryfder y maes magnetig gynyddu, mae llinellau'r maes magnetig yn mynd yn agosach at ei gilydd.

3  Ei droi ymlaen ac i ffwrdd / amrywio cryfder y maes magnetig / gwrthdroi'r maes (heb droi'r magnet i'r cyfeiriad arall).

4  Grym.

5  0.0168 N

6  23.8 A

7  Cynyddu cryfder y magnet / mwy o goiliau / cerrynt uwch.

8  (a) Mae'n cynyddu'r cerrynt anwythol a'r amledd.
   (b) Mae'n lleihau'r cerrynt anwythol.
   (c) Mae'n cynyddu'r cerrynt anwythol.

9  B i A.

10  Mae'n cynyddu'r foltedd /yn lleihau'r cerrynt

11  3771 troad.

12  Mae'n bosibl trawsnewid c.e. i foltedd uchel/cerrynt isel, gan leihau'r egni sy'n cael ei golli yn y gwifrau fel gwres.

## Pennod 10 Pellter, buanedd a chyflymiad

1  buanedd $= \dfrac{\text{pellter}}{\text{amser}} = \dfrac{200\,\text{m}}{16\,\text{s}} = 12.5\,\text{m/s}$

2  cyflymiad neu arafiad $= \dfrac{\text{newid mewn cyflymder}}{\text{amser}}$

   $= \dfrac{12.5\,\text{m/s} - 0\,\text{m/s}}{5\,\text{s}}$

   $= 2.5\,\text{m/s}^2$

3  a)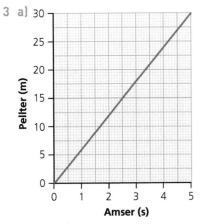

b)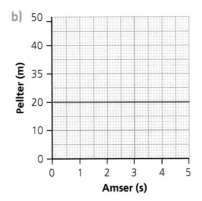

c)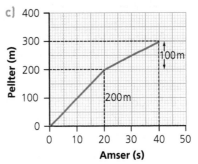

4  a)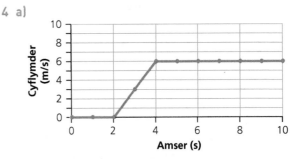

b)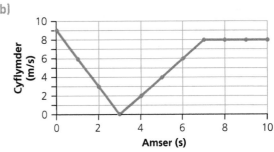

c)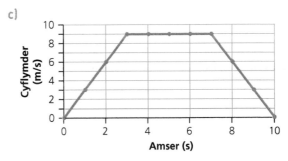

ch)

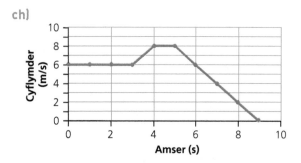

5 Y pellter meddwl yw'r pellter mae cerbyd yn ei deithio yn ystod yr amser mae'n ei gymryd i yrrwr benderfynu defnyddio'r breciau ac i'r breciau gael eu pwyso. Y pellter brecio yw'r pellter mae cerbyd yn ei deithio yn ystod yr amser mae'n ei gymryd i'r breciau arafu'r cerbyd.

6 Cyflymder y car / amser adweithio'r gyrrwr (sy'n dibynnu ar flinder, defnydd alcohol, a.y.b.) / efallai fod rhywbeth wedi tynnu sylw'r gyrrwr / gall y gyrrwr glywed ffôn symudol yn canu.

7 Mae gwregysau diogelwch yn cynyddu amser y gwrthdrawiad, gan leihau grym yr ardrawiad.

## Pennod 11 Deddfau Newton

1 (a) $a = \dfrac{20\,\text{m/s}}{40\,\text{s}} = 0.5\,\text{m/s}^2$

(b) $F = ma = 1600\,\text{kg} \times 0.5\,\text{m/s}^2 = 800\,\text{N}$

2 (a) 'Mae gwrthrych disymud yn aros yn ddisymud, neu mae gwrthrych sy'n symud yn parhau i symud â buanedd cyson ac i'r un cyfeiriad, oni bai bod grym anghytbwys yn gweithredu arno.'

(b) grym cydeffaith, $F$ (N) = màs, $m$ (kg) × cyflymiad, $a$ (m/s²)

3 pwysau = 80 kg × 10 N/kg = 800 N

4 Mae pwysau'r parasiwtydd sy'n gweithredu tuag i lawr yn fwy na'r gwrthiant aer sy'n gweithredu tuag i fyny, gan gynhyrchu grym cydeffaith tuag i lawr, sy'n gwneud i'r parasiwtydd gyflymu.

5 Yn y pen draw, mae grym y gwrthiant aer sy'n gweithredu tuag i fyny yn hafal i bwysau'r parasiwtydd sy'n gweithredu tuag i lawr. Does dim grym cydeffaith, felly mae'r parasiwtydd yn symud ar gyflymder terfynol cyson.

6 'I bob grym arwaith, mae yna rym adwaith hafal a dirgroes.'

7 (a) 200 N

(b) I'r cyfeiriad dirgroes i'r grym 200 N sy'n gweithredu ar y chwaraewr sydd wedi cael ei daclo.

(c) Grymoedd cyffwrdd.

## Pennod 12 Gwaith ac egni

1 $EP = mgh = 0.44\,\text{kg} \times 10\,\text{N/kg} \times 20\,\text{m} = 88\,\text{J}$

2 $EP = mgh$ felly $h = \dfrac{EP}{mg} = \dfrac{1500\,\text{J}}{(100\,\text{kg} \times 10\,\text{N/kg})} = 1.5\,\text{m}$

3 $EC = \dfrac{1}{2}mv^2 = 0.5 \times 80\,\text{kg} \times (10\,\text{N/kg})^2 = 4000\,\text{J}$

4 $EC = \dfrac{1}{2}mv^2$ felly $v = \sqrt{\dfrac{2 \times EC}{m}} = \sqrt{\dfrac{2 \times 2\,\text{J}}{0.44\,\text{kg}}} = 3\,\text{m/s}$

5 $F = kx = 25\,\text{N/kg} \times 0.14\,\text{m} = 3.5\,\text{N}$

6 gwaith sy'n cael ei wneud = arwynebedd o dan graff grym–estyniad.

7 $W = \dfrac{1}{2}Fx = 0.5 \times 3.5\,\text{N} \times 0.14\,\text{m} = 0.245\,\text{J}$

8 Gwella aerodynameg corff y car / gwella aerodynameg olwynion y car / lleihau'r egni sy'n cael ei golli pan mae'r car yn segura / defnyddio defnyddiau ysgafnach.

9 Mae cywasgrannau'n cynyddu amser y gwrthdrawiad, gan leihau'r arafiad a lleihau grym y gwrthdrawiad.

## Pennod 13 Cysyniadau pellach am fudiant

1 $p = mv = 5 \times 10^{-6}\,\text{kg} \times 400\,\text{m/s} = 2 \times 10^{-3}\,\text{kg\,m/s}$

2 $p = mv$, felly $v = \dfrac{p}{m} = \dfrac{(2 \times 10^{-3}\,\text{kg\,m/s})}{5\,\text{kg}} = 4 \times 10^{-4}\,\text{m/s}$

3 $F = \dfrac{(53\,\text{kg\,m/s} - 35\,\text{kg\,m/s})}{3\,\text{s}} = 6\,\text{N}$

4 $\Delta p = F \times t = 240\,\text{N} \times 15\,\text{s} = 3600$ kg m/s (neu N s)

5 cyfanswm momentwm cyn rhyngweithiad = cyfanswm momentwm ar ôl rhyngweithiad.

6 (0.25 kg × 3 m/s) = (0.75 kg × $v$); $v$ = 1 m/s

7 (a) $v = u + at = 1.5\,\text{m/s} + (0.5\,\text{m/s}^2 \times 3\,\text{s}) = 3.0\,\text{m/s}$

(b) $x = ut + \dfrac{1}{2}at^2$

$= (1.5\,\text{m/s} \times 3\,\text{s}) + (0.5 \times 0.5\,\text{m/s}^2 \times (3\,\text{s})^2)$

$= 6.75\,\text{m}$

8 swm y momentau clocwedd = swm y momentau gwrthglocwedd.

9 $M = Fd = 8\,\text{N} \times 0.3\,\text{m} = 2.4\,\text{Nm}$

10 3000 N × 12 m = $W$ × 4 m; $W$ = 9000 N

## Pennod 14 Sêr a phlanedau

1 Mae'r pedair planed fewnol yn blanedau creigiog, bach ac mae gan dair ohonyn nhw atmosffer. Mae'r pedair planed allanol yn blanedau enfawr wedi'u gwneud o nwyon fel hydrogen a heliwm.

2 Wrth i'r radiws orbitol gynyddu, mae'r cyfnod orbitol yn cynyddu hefyd.

3 (a) 5.2 AU

(b) $7.8 \times 10^{11}$ m

(c) $8.2 \times 10^{-5}$ l-y

4 echelin-$y$: goleuedd (neu faint absoliwt);

echelin-$x$: tymheredd (neu ddosbarth sbectrol)

5 (a) sêr corrach coch

(b) sêr corrach gwyn

(c) sêr cawr glas

(ch) sêr cawr coch

6 Mae sêr prif ddilyniant yn ymestyn o'r top ar y chwith (sêr disglair, poeth) i'r dde ar y gwaelod (sêr pŵl, oer).

7 Mae uwchnofa yn ffrwydrad enfawr sy'n digwydd pan mae seren fasfawr yn cwympo.

8 prif ddilyniant → cawr coch → nifwl planedol → corrach gwyn → corrach coch → corrach du

9 Tebygrwydd: y ddau wedi eu ffurfio wrth i sêr corgewri gwympo yn ystod uwchnofa; Gwahaniaethau: mae màs tyllau du yn fwy na màs sêr niwtron / mae grym atyniad disgyrchiant y tu mewn i dwll du mor fawr fel nad yw hyd yn oed golau'n gallu dianc ohono.

# Pennod 15 Y Bydysawd

1 'Mae'r cyflymder encilio mewn cyfrannedd â phellter yr alaeth o'r Ddaear.'

2 (a) Rhoddir un marc am ddatganiad cywir a pherthnasol, e.e. mae golau o haul/seren yn pasio drwy atmosffer yr haul/seren. Rhoddir yr ail farc dim ond os byddwch chi'n llunio ail bwynt sy'n gywir ac sy'n gysylltiedig â'r cyntaf, e.e. mae atomau'r nwy yn yr atmosffer yn amsugno golau ar donfeddi penodol.

(b) Mae galaeth 2 ymhellach i ffwrdd na galaeth 1. Rhoddir yr ail farc am ddatganiad perthnasol cywir, e.e. mae'r Bydysawd wedi ehangu ers i'r golau gael ei anfon (felly mae'r tonnau wedi 'ymestyn') neu osodiad cyfatebol yn nhermau rhuddiad. Rhoddir y marc terfynol dim ond os byddwch chi'n llunio trydydd pwynt sy'n gywir ac sy'n gysylltiedig â'r ail, e.e. mae golau o alaeth 2 wedi rhuddo'n fwy na golau o alaeth 1.

3 (a)

| Elfen | Tonfedd (nm) | Yn bresennol yn y seren? |
|---|---|---|
| Heliwm | 447, 502 | Y |
| Haearn | 431, 467, 496, 527 | N |
| Hydrogen | 410, 434, 486, 656 | Y |
| Sodiwm | 590 | Y |

(b) Byddai tonfeddi'r llinellau'n fwy / byddai lleoliad y llinellau wedi syflyd tuag at ben y sbectrwm sydd â thonfeddi hir (neu wedi rhuddo / syflyd i'r dde / syflyd at goch); gan fod galaethau pell yn symud i ffwrdd (oddi wrthyn ni) / oherwydd ehangiad y Bydysawd/gofod.

4 Mae rhuddiad cosmolegol yn dangos i ni fod cyfradd ehangiad y Bydysawd yn cynyddu; bod ehangiad y Bydysawd yn 'cyflymu'. Drwy weithio tuag yn ôl, cawn dystiolaeth am y Glec Fawr.

5 Ers y Glec Fawr, mae tonfedd y pelydrau gama a gafodd eu hallyrru ar y pryd wedi ymestyn cymaint fel bod gweddillion cefndir y pelydrau gama hyn nawr â'r un donfedd â microdonnau.

# Pennod 16 Mathau o belydriad

1 $^{7}_{3}\text{Li}$; $^{13}_{6}\text{C}$; $^{90}_{38}\text{Sr}$; $^{99}_{43}\text{Tc}$

2

| Math o belydriad | Symbol | $^A_Z X$ | Pŵer treiddio | Pŵer ïoneiddio |
|---|---|---|---|---|
| Alffa | $\alpha$ | $^4_2 He$ | Cael ei atal gan ddalen o bapur | Uchel |
| Beta | $\beta$ | $^0_{-1} e$ | Cael ei atal gan ychydig mm o Al | Canolradd |
| Gama | $\gamma$ | | Cael ei leihau gan sawl cm o Pb | Isel |

3 (a) A = 237; Z = 93

(b) A = 225; Z = 89

4 Mae pelydriad cefndir o'n cwmpas ymhobman ac mae'n dod yn naturiol o'n hamgylchedd ac o ffynonellau artiffisial (wedi'u gwneud gan ddyn).

5 Ailadrodd mesuriadau a chymryd cyfartaledd cymedrig; tynnu cefndir; cyfnodau amser cyfrif hir.

6 (a) Dydy papur ac alwminiwm ddim yn cael unrhyw effaith ar y gyfradd cyfrif gymedrig.

(b) B, gan mai dyma'r unig ffynhonnell lle mae darn o bapur yn effeithio ar y gyfradd cyfrif.

(c) (i) Pelydriad beta (neu electron) yn cael ei allyrru o'r niwclews / i gynhyrchu niwclews sefydlog.

(ii) $^{90}_{38} Sr \rightarrow {}^0_{-1} e + {}^{90}_{39} Y$; A = 90; Z = 39; elfen = Y (ytriwm)

## Pennod 17 Hanner oes

1 Mae dadfeiliad ymbelydrol yn broses ar hap ond mae'n ufuddhau i reolau tebygolrwydd, ac mae gan bob atom ymbelydrol debygolrwydd dadfeilio penodol. Mae pob sylwedd ymbelydrol yn dadfeilio yn yr un ffordd, ond dros gyfnodau amser gwahanol.

2 Hanner oes yw'r amser mae'n ei gymryd i actifedd sylwedd ymbelydrol haneru yn ei werth.

3 (a) (i) 6 awr

(ii) 6 awr

(iii) 12 awr

(b) Mae alffa'n cael ei amsugno'n hawdd / ni fyddai'n cael ei ganfod y tu allan i'r corff. Mae'n ïoneiddio llawer / achosi niwed i DNA mewn celloedd/meinweoedd/organau.

4 Hanner oes; pŵer treiddio; gallu i ïoneiddio.

5 Delweddu radio; radiotherapi.

6 (a) Pwyntiau wedi eu canfod yn gywir: ar ôl 5700 blynedd, mae'r actifedd = 32 cyfrif/munud; ar ôl 11 400 blynedd, mae'r actifedd = 16 cyfrif/munud; ar ôl 17 100 blynedd, mae'r actifedd = 8 cyfrif/munud; gwnewch yn siŵr eich bod yn plotio'r pwyntiau'n gywir a thynnwch linell ffit orau lyfn.

(b) (i) Mae C-14 yn dechrau dadfeilio, felly mae'n lleihau.

(ii) 4500 ± 300 blynedd a llinellau wedi'u dangos ar y graff neu esboniad ysgrifenedig.

## Pennod 18 Dadfeiliad niwclear ac egni niwclear

1 Mewn ymholltiad niwclear mae niwclysau ansefydlog yn ymhollti.

2 $\left(\dfrac{83\,000\,000\,000\,000\,J}{35\,000\,000\,J}\right) = 2\,371\,429$ gwaith (tua 2.4 miliwn)

3 (a) Rhif proton Ba = 56; rhif niwcleon Kr = 89

(b) (i) Arafu niwtronau (cyflym), sy'n eu gwneud yn haws eu hamsugno.

(ii) Codi rhodenni boron (dur) o'r adweithydd / ychwanegu mwy o danwydd neu wraniwm / cynyddu nifer y gwrthdrawiadau llwyddiannus / amsugno llai o niwtronau.

4 Adwaith niwclear sy'n cynnwys ymasiad (uno) niwclysau ysgafn.

5 Mae adweithiau ymasiad niwclear yn cynhyrchu nifer enfawr o niwtronau ag egni uchel sydd angen eu hatal rhag mynd i'r amgylchoedd.

6 (a) (i) Hydrogen

(ii) Ymasiad

(b) Mae angen tymheredd/egni uchel (er mwyn i ronynnau oresgyn eu grym gwrthyrru), ond byddai hynny'n toddi'r cynhwysydd. Mae angen gwasgedd uchel, felly mae angen rhywbeth cryf iawn i'w ddal.

(c) Tanwydd ar gael yn haws; mae'r defnydd gwastraff yn llai ymbelydrol /ddim yn ymbelydrol; mae mwy o egni ar gael o ymasiad nag ymholltiad.